농업
고수

농업
고수

농업
고수

돈도 되고 환경도 살리는
새로운 농법 수직 재배

가나이 마키 글
도호 마사노리 취재 도움
정영희 옮김

상추쌈

차례

나오는 사람들

도호 마사노리 히로시마현

상사의 말을 듣지 않고 귤의 목소리를 듣는다.

경이로운 농법, 수직 재배를 개척해 낸 사람.

하시모토 신지 효고현

브라질에서 가라테와 만나고, 인도에서

비폭력주의와 만났다. 철저하게 다품종·

소량 생산을 실천하는 사람.

후쿠다 다이사쿠 구마모토현

어부의 아들로 태어나 농업 담당

공무원이 되었다. 미나마타병을

경험한 지역을 위해 분투하는 사람.

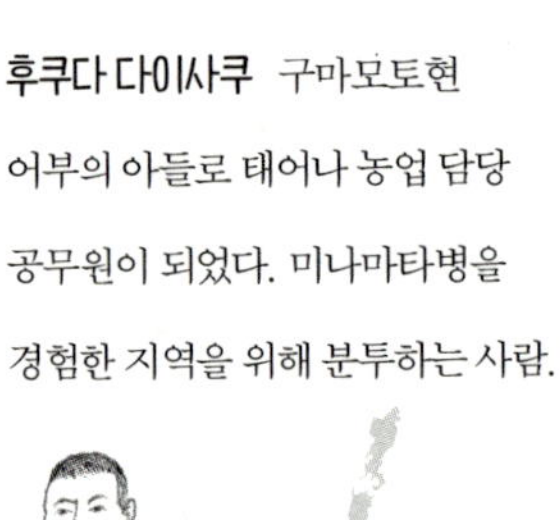

헤이 비공개

농협 방침을 따르는 부친의 눈을

피해, 무농약·무비료를 남몰래

실천하는 사람.

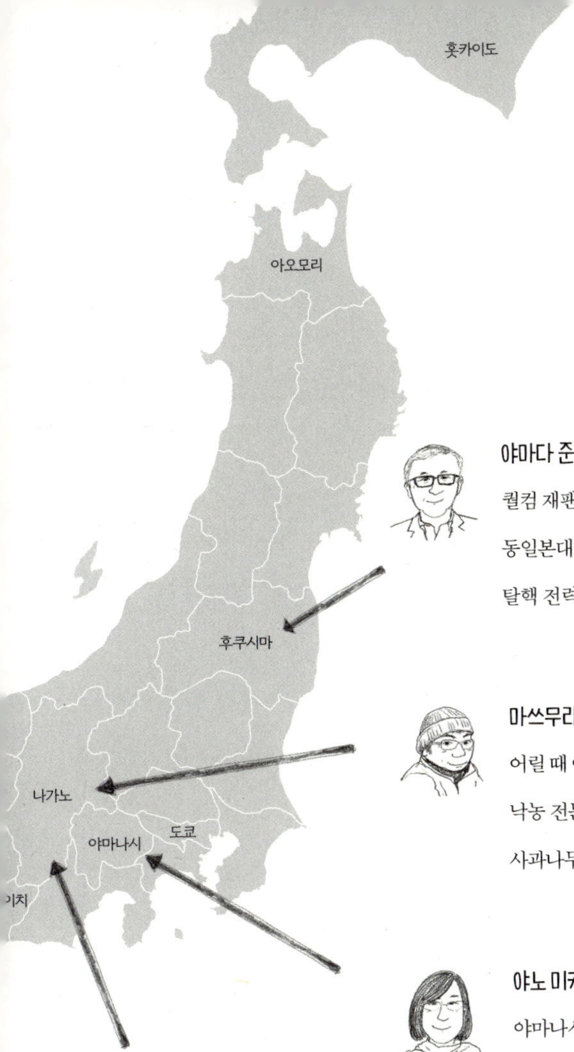

야마다 준 후쿠시마현

퀄컴 재팬 초대 대표.

동일본대지진 후, 후쿠시마에서

탈핵 전력회사와 와이너리를 만든 사람.

마쓰무라 아키오 나가노현

어릴 때 야마기시 공동체에서 지냈고,

낙농 전문가에서 사과 농부가 되었다.

사과나무에 머리 숙여 사죄했던 사람.

야노 미키 야마나시현

야마나시대학 생명과학부 교수.

자연 재배, 유기 재배, 식물의 힘을

학술적으로 연구하는 사람.

하야시 다카시 나가노현

방위학의 이끌림에 따라 나가노로 이주했다.

게르에 살며 44세에 농부가 된 사람.

　도호 마사노리라는 사람이 있다. 종횡무진 일본 안팎을 누비며, 각 지역 농가를 모아 강습회를 열고 농업 기술을 전파하는 아저씨다. 말하자면 '떠돌아다니는 농업 기술 지도원'이랄까.

　그가 풀어 젖히는 농법은 너무나도 독특해서 처음 들으면 누구라도 반신반의하게 된다. 도호 마사노리 왈, 싹 틔우는 법, 가지치기하는 법, 열매를 따는 시기 따위를 궁리하면 비료를 전혀 쓰지 않고도 작물은 건강하게 자란다. 그 사이에 농약도 필요 없게 된다. 곡식, 과일, 채소 전부 맛있게 키울 수 있고 수확량도 늘어난다. 이는 곧, 돈도 되고 지구 환경도 지킬 수 있는 농업의 길이다.

　'도호 방식 농법'은 기존의 자연 재배나 유기 재배와 다르다. 비료와 농약을 잔뜩 쓰는 농협 방식과도 상반된다. 그런데 도호 마사노리 자신이 농협 지도원이었던 이력 탓에 이야기가 갑작스레 흥미진진해진다.

"도호 마사노리라고, 네가 엄청 좋아할 것 같은 '이상한 아저씨' 가 있거든? 그 사람 이야기를 듣고 책을 써 보는 건 어때?"

지금부터 3년 전, 친구에게 이런 말을 들었다. 그리고 도호 씨가 도쿄에 오는 기회를 틈타 이케부쿠로의 한 카페에서 처음 만났다. 그날 그는 투박한 히로시마 사투리로, 틈틈이 진한 농담까지 섞어 가며 혁명적인 농법을 열정적으로 설파했다. 하지만 솔직히 거의 대부분 이해하지 못했다. 그때 나는 농업의 '니은' 자도 모르는 사람이었기 때문이다. 아마 그는 어이가 없었을 것이다. '아차차, 이 사람한테는 혁명을 이야기하기 전에 앙시앵 레짐*부터 차근차근 설명할 필요가 있겠네.' 첫 만남부터 간파했을 테지.

거기서부터 긴 취재 여행이 시작됐다. 그의 이야기를 3년에 걸 쳐 들었다. 도쿄에서, 히로시마에서, 출장으로 머문 지방 도시에 서. 자동차나 지하철로 이동하면서 인터뷰하기도 했고 따끈한 정 종을 서로 따라 주며 여유롭게 이야기를 나누기도 했다. 그의 가 족과 동석할 기회를 얻기도 했다. 그때는 그의 짓궂은 농담도 잠 시 멎었다.

가지가 뻗는 전반적인 원리, 꽃이 피고 열매가 맺히는 흐름, 벌 레가 먹는 이유, 햇볕이나 물과 맺는 상관관계와 같은, 식물의 기

본부터 그에게 배웠다. 2만 년 전부터 이어져 왔고, 지금도 계속 발전 중인 농경, 그 심오한 행위에 대해 어느 정도 이해하게 됐다. 흙, 나무, 꽃, 열매를 접하면 솟아나는 '안심'이라는 감정을 내 속에서도 발견했다. 그리고 그 원천에 대해 생각하기도 했다.

그러나 내가 가장 흥미로웠던 건 도호 마사노리라는 인간의 특이한 존재 방식이었다. 그는 세토내해*의 한 섬에서 농협 일을 하는 동안 세상 그 누구도 알아채지 못했을 어떤 농법에 도달했다. 이 기적이 가능했던 가장 큰 이유는 뭘까. 그건 아마 도호라는 사람이 '조직에 속해 있으면서도 조직 내 인간관계에 함몰되지 않았던 사람'이었기 때문이리라.

그와 이야기를 나누는 동안 '조직의 문제'라는 보편적인 주제가 심심찮게 떠올랐다. 그리고 그때마다 나는 기뻐하며 적바림했다.

"조직 안에서는 말이지, 색다른 일을 하면 오히려 낮은 평가를 받게 돼."

"뭔가를 바꾸겠다는 건 전임자를 부정해야 하는 일이기도 하거든."

"조직에서는 다들 보조를 맞춰 걷지. 그걸 흐트러트리는 게 조직으로서는 가장 큰 죄악이고."

---

* 세토나이카이. 시코쿠와 혼슈, 규슈 사이의 내해.

아, 조직이라. 싫기도 하고, 바보 같기도 하고, 우습기도 하다. 그리고 실로 무서운 존재가 바로 조직이기도 하다. 태평양전쟁 중 일본 육군의 만행을 다룬 책을 읽으면 속이 부글부글 끓는다. 아마 누구라도 그럴 것이다. 인간과 조직의 어리석음에 절망적인 기분이 될 수도 있다. '안 된다는 걸 뻔히 알면서 도대체 왜 그러는 건데?', '다들 제발 눈을 떠!' 이렇게 소리라도 치고 싶은 심정이다. 하지만 눈을 떴대도 끝이 아니다. 어떤 일은 결코 원래대로 되돌릴 수 없기 때문이다.

베트남전을 결정할 때만 해도 그렇다. 미국 정부 내에서 도미노 이론*을 믿었던 이는 단 두 사람뿐이었다지 않은가. 다들 내심 '틀렸다'고 생각했으나 그 누구도 입 밖에 내지 않았고 전쟁은 그대로 벌어지고 말았다. 그리고 이런 식의 과오는 동서고금, 조직의 크고 작음과 상관없이, 온갖 인간사 속에서 반복되어 왔다. 도호 마사노리가 속해 있던 '히로시마현 과실농업협동조합 연합회'(일본에서는 흔히 'JA히로시마과실련'이라고 부른다.)도 예외는 아니었다.

나는 그의 이야기를 들으며 자주 흥분했다. 그의 이야기는 농업 기술 혁신에 대한 이야기인 동시에, 조직 속에 있으면서도 진실을

---

* 한 나라가 공산화되면 옆 나라들도 잇달아 공산화된다는 이론으로 베트남전의 명분이 되었다.

보는 눈이 흐려지지 않았던 특이한 한 남자에 대한 이야기이기도 하다. 그는 어떻게 조직의 우매함에 휩쓸리지 않을 수 있었을까. 그건 도호 마사노리가 인간의 목소리가 아니라 식물의 목소리에 귀를 기울여 온 사람이었기 때문이다.

이 취재를 마치고도 여행은 더 계속됐다. 이 책의 후반부는 도호 농법 실천자들을 만나 본 짧은 이야기들로 이루어져 있다. 농부 네 사람, 대학교수 한 사람, 와이너리 경영자 한 사람, 지방공무원 한 사람, 이렇게 총 일곱 명을 취재했다. 각자에게는 각자의 농업 인생이 있었고 하나하나의 이야기에 압도되는 시간들이기도 했다. 농업 취재 차 찾은 걸음이었으나 뜻하지 않은 전개로 이야기가 흘러가기도 했다. 미나마타병[*]이나 후쿠시마 핵발전소 사고에 대한 귀중한 이야기를 들을 수 있었기 때문이다. 그러나 생각해 보면 당연한 일이기도 했다. 환경이나 에너지 문제와 농업은 직접 연결되어 있기 때문이다.

'이상한 아저씨'에서 시작된 인연의 끈을 따라간 끝에서 '이상한 사람들'과 만났다. 이번 생에 주어진 임무를 품고 힘차게 살아가는 사람들. 그들은 오늘도 흙 위를 걷는다.

---

[*] 구마모토현 미나마타에서 집단 발병한 수은 중독성 신경질환. 무분별하게 방류한 공장 폐수가 원인이었다.

1

괴짜 농업 고수
도호 마사노리 이야기

단순하면서도

완전히 새로운 농법

도호식 수직 재배가

탄생하기까지

1 농업 전도사로 곳곳을 누비기까지

비행기가 쿵 소리를 내며 히로시마 공항에 내려앉는다. 그러더니 느릿느릿 탑승교로 다가간다. 모든 전자기기를 사용할 수 있다는 기내 방송이 흘러나온다. 가방에서 스마트폰을 꺼내 전원 버튼을 누른다. 그와 동시에 곧바로 전화기가 울린다.

"도착했어?"

하하하. 뭐지, 이 절묘한 타이밍은? 이게 바로 도호 씨지, 싶어 웃음이 난다. 도호 마사노리는 배려심이 몸에 밴 사람이자 일머리가 좋고 추진력이 뛰어난 사람이다. 꾸물대는 게 딱 질색인 사람이다. "공항으로 데리러 갈게." 그렇게 말을 한 이상, 딱 들어맞는 순간에 공항에 차를 갖다 대고 싶은 사람인 거다. 모르긴 몰라도 분명 아침부터 철저히 시간 계산을 했으리라. 그런 생각에 피식피식 웃으며 비행기에서 내린다.

내 추측에, 절묘한 순간을 읽어 내는 힘 또한 그가 살아온 방식과 깊은 연관이 있지 싶다. 도호 마사노리는 평상시에도 인간의 목소리보다는 식물의 목소리에 귀를 기울이는 사람이다. 그러므로 보통 사람과는 전혀 다른 감도를 가졌다고 할 수 있다. 식물의 목소리가 들린다는 사람인데 스마트폰 전원 넣는 순간을 가늠하는 정도야 식은 죽 먹기 아닐까.

공항 건물을 나서자 그가 웃으며 서 있다.

"어서 와요. 웰컴 히로시마."

밝은 초록색 다운 점퍼에 분홍색 스니커즈. 오늘도 변함없이 옷차림이 멋지다.

"머리가 백발이다 보니 밝은 색으로 입는 게 낫겠다 싶어서."

살짝 쑥스러운지 그런 말을 하며 근처에 세워 둔 차로 나를 이끈다. 뒷좌석에 작업 연장이나 수확물을 잔뜩 실을 수 있는 커다란 차다.

"원래부터 옷을 좋아했어. 젊을 때는 좀 날라리 과기도 했고."

자동차에 시동을 걸고, 이른 봄 보드라운 햇빛 속으로 달려 나간다.

도호 마사노리는 1953년, 히로시마현의 귤 농가에서 태어났다. 대학을 졸업하고는 'JA히로시마과실련'에 영농 기술 지도원으로 취업했다. 거기서 30년쯤, 주로 귤 농가를 지도하는 일을 맡았고 그러다가 말도 안 되는 농법에 도달했다. 비료와 농약을 거의 쓰지 않고 품을 들이지 않고도 과실이 맛있어지고 수확량이 늘어난다는 마법 같은 농법이다.

다들 거짓말일 거라고 했다. 무엇보다, 그런 방식은 비료와 농약을 판매하는 농협의 방침에 위배된다.

"그러다 보니 좌천에 또 좌천이었지, 뭐."

좌천에 또 좌천이라는 말을 할 때 어째 그의 얼굴이 좀 흐뭇해 보인다. 결국 그는 쉰둘에 JA히로시마과실련을 그만뒀다. 그 뒤부터는 '프리랜서 농업 기술 지도원'으로 활동하고 있다. 그에게 배움을 청하는 농가가 전국 각지에 있으니 오늘은 동쪽, 내일은 서쪽, 전정가위를 손에 쥔 채 방방곡곡 분주히 뛰어다닌다. 때로는 해외에서도 강의를 부탁받는다. 아프리카든 남미든 불러 주는 곳이 있다면 어디든 훌훌 다녀온다.

"전 세계에서 불러 준다니 대단하네요."

"레전드니까. 내 입으로 이런 소리 하면 좀 재수 없긴 한데. 하하하."

2 묶어 주기만 하면 된다고요?

웃으며 떠드는 사이, 자동차는 어느새 야마구치현에 접어든다. 스오오섬에서 열리는 강습회에 나도 참석해 보기로 했다.

이른 오후, 강습회장에 도착해 보니 이미 쉰 명이 넘는 수강생들이 모여 있다. 가까이에서 온 농부도 있고, 시마네현과 돗토리현이나 규슈에서 그의 이야기를 듣기 위해 찾아온 사람도 있다. 노련한 농부부터 신참내기까지, 농사 경험이나 햇수 면에서도 편차가 큰 듯했다. 단 하나, 그들에게 공통점이 있다면 무농약·무비료 재배, 유기 재배에 대한 관심이 크고, 그 방면으로 모색 중인 농가라는 점이다.

옆자리에 앉은 이에게 왜 도호 마사노리의 이야기를 들으러 왔냐고 물었다.

"소독이니 멸균이니 해충 박멸이니 이런 일 하지 않고 농사를 지을 수 있다면 좋겠다, 늘 생각했어요. 자연에 오만하지 않은 삶의 방식이 가능하고, 그것이 직업으로도 성립할 수 있다면 더할 나위 없지 않을까, 그런 생각이 있거든요."

인상 깊은 답변이었다. 이상적인 삶의 방식과 돈벌이를 위한 방식이 일치한다면, 그야 뭐 최고일 테니까.

"내 방식은 간단합니다. 그냥 싹 다 묶는 겁니다."

그는 스크린에 푸성귀와 과일나무 사진 들을 띄웠다. 귤 묘목, 토마토 가지, 포도 덩굴손, 무청. 어느 것 할 것 없이 전부 훌륭하게 묶여 있다.

"이렇게 묶어 놓으면 비료 같은 게 필요 없어요. 비료 칠 때보다 훨씬 더 크게, 맛있게, 건강하게 자랍니다. 이렇게 묶어 주기만 하면 됩니다."

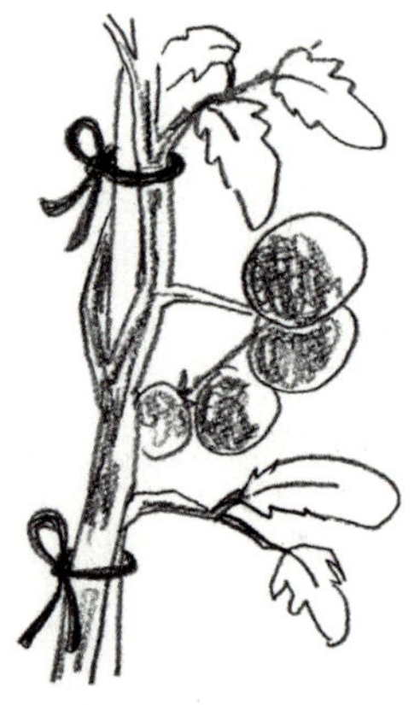

토마토

뭐라고? 묶어 주기만 하면 된다고? 강습회장이 일순 술렁인다. 과일 묘목이나 채소를 심어 기를 때 비료를 치는 건 당연한 일이다. 유기 재배라면, 동물의 똥이나 낙엽을 발효시켜 거름을 만드는 '흙 만들기'야말로 기본 중의 기본이라 생각한다. 그런데 뭐라고? 묶기만 하면 된다고? 다들 당장에는 납득이 안 간다는 얼굴들이다.

"여러분, '그래 가지고 농사가 잘되겠어?' 다들 그렇게 생각하시죠? 농업 교과서에도 그런 말은 안 써 있고, 여러분 상식에도 지금까지 없던 얘기고. 하지만 피터 드러커라고, 유명한 경제학자가 이렇게 말했습니다. '이론은 현상의 뒤를 좇는다.' 실제로 해 보면 내 말이 무슨 소리인지 알게 될 겁니다."

도호 마사노리는 자신만만하게 말했다. 묶어 주기만 하면 비료를 줄 필요도 곁순을 딸 필요도 없으니 수고를 덜 수 있다, 병충해에도 강해지므로 농약도 훨씬 줄일 수 있다, 어디 그뿐인가, 맛도 좋아지고 열매도 많이 열린다……. 들으면 들을수록 좋은 것들뿐이다. 너무 다 좋다는 말뿐이라 도리어 의심스러울 정도다. 가지만 잘 묶어 주면 달콤한 귤이 잔뜩 열린다는 얘기인데…….

청강생 쪽에서 질문이 날아든다.

"뭐든 묶는다고 하셨는데, 과일이든 채소든 다 똑같나요?"

그는 크게 고개를 끄덕이며 당연하다는 듯 말했다.

"개든 고양이든 배를 보이게 뒤집어 놓고 젖을 살살 만져 주면 어떻게 됩니까? 낑낑대며 좋아하죠? 동물은 다 똑같습니다. 마찬가지로 과일나무든, 푸성귀든 건강해지는 원리는 똑같습니다. 전혀 차이가 없어요."

크하하하. 뜬금없이 젖이라니, 무슨 소린가 싶다. 그런데 농담이라 웃어넘기기에는 또 뭔가가 있지 싶다. 도호 마사노리는 식물의 목소리를 들을 수 있는 사람이다. 젖을 문질러 동물을 즐겁게 해 주는 것과 도호 방식의 농사. 어쩌면 깊은 연관이 있을지 모른다.

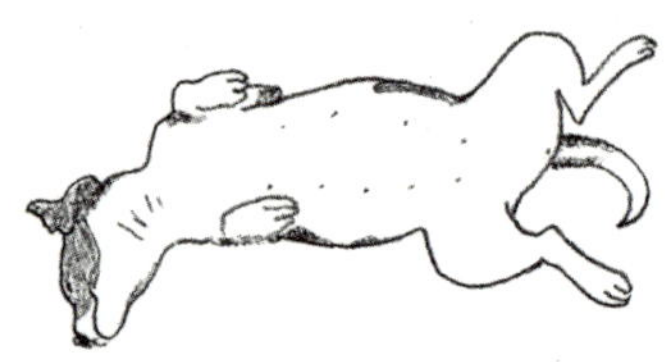

도호 마사노리가 태어난 곳은 히로시마현 도요타군(지금의 구레시)의 작은 섬 도요시마다. 지금은 혼슈와 다리가 연결되어 있지만 예전에는 배를 두 번 갈아타고 건너갈 만큼 외딴섬이었던 곳이다.

도호 집안은 가업으로 귤 농사를 지어 왔다. 위로 누나가 셋이고 집안에서 바라 마지않던 사내아이였다고 하니 오죽 귀하게 자랐을까 싶다. 네 살 때까지 엄마 젖을 먹었다고 했다. 귀한 맏아들로 태어나 어릴 때부터 귤 농사를 이어받겠다는 생각이 확고했다. 그는 고등학교 진학을 위해 집을 떠나 에히메대학 농학부 부속 농업고등학교에 입학했다. 거기서 공부에 열중…… 하지는 않았고, 멋을 부리고 노는 데에 눈을 떴다. '섬 출신이라고 촌놈 취급 당할 수는 없다.'며 반* 매장을 수시로 들락거렸다. 기타도 치고 오토바이도 탔다.

"길에서 껄렁껄렁, 여자애들한테 말 걸고, 헌팅하고. 뻔한 얘기

---

* VAN. 일본 중고가 캐주얼 의류 브랜드.

야. 어떻게 하면 여자애들한테 인기가 많을까, 그 생각뿐이었지 뭐."

고등학교를 마치고는, 도쿄의 다이토분카대학에 진학했다. 미식축구부에 들어가고도 날라리 생활은 이어졌다. 그러던 어느 날 단골 카페에서 도모짱(도모에 씨)과 만나게 됐다. 귀엽고 톡톡 튀고 무척이나 밝은 여자아이였다. 그는 끊임없이 다가갔고, 결국 도모짱의 마음을 얻는 데 성공했다. 프러포즈의 말은 이러했다.

"깅엄 체크 셔츠에 멜빵 청바지 입고, 나랑 귤 농사 짓지 않을래?"

초등학교 4학년
도련님 시절

대학교 미식축구부에서
기세등등하던 시절

하하하하. 놀던 남자의 껄렁껄렁 귀여운 고백이랄까.

대학 졸업 후, 히로시마현 과수 연구소에서 전문 지식을 배운 도호 마사노리는 JA히로시마과실련의 영농 지도원이 되지 않겠냐는 권유를 받게 된다. '언젠가 본가의 귤 농사를 이어받을 생각이니 공부 삼아 지도원을 해 보는 것도 나쁘진 않겠다.'는 가벼운 마음으로 제안을 수락했다.

첫 부임지는 세토내해에 위치한 섬, 오사키카미지마였다. 당시 오사키카미섬에는 농협 지점이 다섯 군데 있었는데 그중 하나인 '기노에초 농협'이 도호 마사노리의 첫 직장이었다. 농협(농업협동조합)은 태평양전쟁 이후 만들어진 조직으로, 농가의 생활을 두루 뒷받침한다. 비료 · 농약 · 농기계 판매 및 대여, 농사법 지도, 수확한 농산물 매입은 물론, 예금과 대출 같은 은행 역할도 하고 있

도모짱(상상 스케치)

다. "JA는 일본농협협동조합의 별칭"이라는 누리집의 설명을 보니 'JA'가 뭔지 대충 감이 온다. 제임스 브라운을 'JB'라 칭하는 것과 같은 식이랄까.[*]

1978년, 도모짱도 도쿄 생활을 접고 오사키카미섬으로 건너왔다. 섬으로 시집오던 당시를 회상하며 그이는 이런 말을 했다.

"섬 생활을 시작하면서 깜짝 놀랐어요. 현관을 잠궈 두고 사는 사람이 한 명도 없더라구요. 그러다 보니 아무 때나 불쑥 이웃들이 집 안으로 들어오고 그랬죠."

기노에초 농협에는 감귤 농사를 짓는 조합원이 300가구쯤 됐는데 영농 지도원은 도호 마사노리 혼자였다. 귤, 이요칸[**], 네이블 오렌지, 팔삭[***], 아마나쓰[****]가 담당 작물이었다. 과수 연구소에서 배운 기술과 《감귤》(다카하시 이쿠로 씀, 1949, 요켄도 펴냄)이라는 교과서를 바탕 삼아, 어떤 비료를 어느 때 어느 정도 뿌리면 좋을지, 가지치기와 농약, 적과(열매솎기)는 어떻게 해야 좋을지, 농사 전반

---

[*] 일본농업협동조합의 영어표기는 Japan Agriculture Cooperatives이다.

[**] 감귤류의 한 종류. 2~3월에 수확하며 과실이 크고 단맛이 강하다.

[***] 감귤류의 한 종류. 음력 8월에 수확해 먹기 시작해서 팔삭이라는 이름이 붙었다. 요즘은 겨울에 거둬 한두 달 후숙시켜 출하하거나 3월에 다 익은 것을 딴다. 과실이 작고 단맛이 강하다.

[****] 감귤류의 한 종류. 하귤의 변종으로 신맛이 적고 단맛이 강하다.

에 걸쳐 1년 간 밀착 지도했다. 목표는 단순 명확했다. 당도가 높은 귤, 모양이 좋고 깨끗한 귤, 그리고 무엇보다 수확량이 많은 귤!

도호 마사노리가 영농 지도원이 된 쇼와 50년대*에 귤 농사는 수난 시대를 맞았다. 거두면 거두는 대로 비싸게 팔리던 시대는 지나갔고 전국적으로 귤값은 떨어지기만 했다. 귤 농가는 희망을 잃었다. 개중에는 제초제를 마시고 목숨을 끊는 농민도 있었다.

"그때는 제초제 농도가 진했거든. 마셨다면 백 프로 즉사였어."

그는 담담히 사실을 그대로 전했다. 제초제를 희석해서 판매하게 된 것도 자살하는 농민이 나오기 시작한 뒤부터였다. 귤 재배를 접고 이요칸, 아마나쓰, 네이블 오렌지처럼 단가가 비싼 만감류로 수종을 바꾼 농가도 많았다. 주택 대출금과 자녀의 학비를 변통하기 위해 어쩔 수 없이 이농하는 경우도 허다했다.

그는 귤 농가에서 태어나 자란 사람인지라 철마다 경험하는 귤 농사의 재미는 물론, 농가의 불안감까지도 충분히 이해할 수 있었다. 몇 년을 들여 정성껏 키운 나무를 포기해야 하는 결단의 무게와 슬픔이 남 일 같지 않았다. 그래서 의욕적으로 파고들었다.

'어떻게 하면 1엔이라도 더 비싸게 팔리는 귤을 기를 수 있을까?'

사활을 건 모색 작업에 돌입했다. 시험 재배장에서 배운 지식과

---

* 1970년대 중반부터 1980년대 중반에 이르는 시기.

선배들에게 배운 방식을 총동원해 지도해 나갔다. 귤 농가도 진지하게 그와 보조를 맞췄다. 다들 좋을 거라고 생각한 쪽으로 최선을 다해 움직였다. 하지만 '좋을 거라는 생각'이라는 함정, 그 함정이 인생 도처에는 도사리고 있었다.

"첫 의문은 전정이었지."

그가 그렇게 말문을 열었다. 전정이란 나뭇가지를 쳐서 수형을 잡는 일을 말한다. 귤나무를 포함해 과일나무는 대개 이른 봄에 하는 가지치기가 무엇보다 중요하다는 게 일반적인 상식이다. 어떤 가지를 치고 어떤 가지를 남길 것인가. 그 판단에 따라 수확량과 품질이 달라진다.

당시에는―그리고 지금도 많은 농가에서는― '일조량이 풍부하면 귤의 당도가 올라간다.'고 여겨서 나중에 그늘을 지울 것 같은 위쪽 가지(이것을 '위로 솟는 가지'라고 한다.)를 미리 쳐 버린다. 이것이 전정의 기본이다. 거기에 '수형을 예쁘게 만든다.'는 것도 전정의 중요한 요소 중 하나다. 그렇게 가지치기를 해 두면 나무 전체에 햇볕이 골고루 미치고, 솟는 가지 끄트머리에 열매가 맺힐 일도 없으니 나중에 따는 일도 쉬워진다.

농협의 영농 기술 지도원은 해마다 1월부터 2월 사이에 '전정 강습회'를 연다. 담당 지역 귤 농가를 모아 농민들 눈앞에서 실제로 가지를 쳐서 보여 주는 자리다. 일단은 다들 모이기 쉬운 곳에 있는 적당히 넓은 귤밭을 섭외한다. 시범 전정을 해도 되겠냐는 제안에 호의적인 대답을 들었다면 그 밭에서 어떤 나무를 골라 전정하느냐 하는 문제만 남는다.

"시범 전정으로 가지를 쳤는데 그 나무 열매가 시원찮으면 낭패잖아? 그래서 사전 정찰을 몰래 해 두는 거지."

미리 혼자 밭을 둘러보며 그해에 꽃을 많이 피울 것 같은 나무를 점찍어 둔다. 그리고 당일, 그런 과정에 대해서는 입도 벙긋 않고 시미치를 뚝 뗀다. 그러고는 이렇게 말한다.

"자, 어떤 나무를 잘라 볼까요? 아무 나무나 맘에 드는 걸로 골라 보시죠."

어떤 나무든 상관없이 완벽한 가지치기를 해 주겠다는 분위기를 풍기며 미리 점찍어 둔 나무 쪽으로 자연스레 옮겨 간다.

"아이고, 이 나무 좀 보세요. 가지가 제멋대로 뻗어서 엉망진창이죠? 자, 그럼 이 나무를 전정해 볼게요."

마치 그 자리에서 바로 결정한 듯 가지를 쳐 나가기 시작한다. 청중을 교묘히 이끄는 마술사가 떠올라 웃음이 나는 대목이다. 아무튼 그렇게 반 년이 지나면 그가 전정한 나무에 귤이 잔뜩 열리고, "도호 지도원은 역시 기술이 좋다."며 추켜세우는 소리가 흘러나오게 된다. 새파랗게 젊은 농협 지도원이 몇십 년이나 귤 농사를 지어 온 농업 고수들을 상대하려면 그 나름의 뒷기술이나 요령 같은 게 필요하기도 했다. 그렇게 전정 강습회 대성공!

거기까지는 좋았다. 그러나 문제는 이듬해였다.

'어라? 작년에는 그렇게나 주렁주렁 달렸는데 올해는 왜 이런 거지?'

이상하다는 생각은 했다. 하지만 우연이겠지. 일단은 의문을 방치해 두고 매일 해내야 하는 지도원 업무로 바쁜 나날을 보냈다. 그런데 이듬해에도, 또 그 이듬해에도 이상 현상은 계속됐다. 전정 강습회에서 가지를 친 나무만 유독 이듬해 수확량이 현저히 줄어들었다. 2년에 한 번씩만 제대로 열매를 맺는 '해거리' 현상이 나타나게 된 것이다.

"내가 가지치기한 나무만 해거리를 하는 거야. 까닭은 도통 알 수가 없었지. 그래서 매년, 전정 강습 밭을 돌려 가며 바꿨어. 결점이 드러날까 두려워서 내 쪽에서도 필사적이었던 거지."

이유가 뭘까. 고개를 갸웃대면서도 겉으로는 당당하게 전정 강습회를 계속했다. 그러던 어느 날 결정적인 일이 벌어졌다. 규모가 100그루 정도 되는 귤밭에서 전정 지도를 해 달라는 개인 강습 의뢰가 들어왔다. 그는 곧바로 달려갔고 가지치기의 핵심을 짚어 가며 세 그루를 시범 전정했다.

"이 정도면 이해되시죠? 나머지는 같은 방식으로 직접 해 보세요.”

　그렇게 말을 남기고 돌아왔으나 아무리 시간이 지나도 나머지 나무를 전정할 기미가 없었다. 지지부진 일을 미루는 농가에 화도 났다.

　‘뭐야? 힘들게 전정 시범을 보여 줬더니 왜 저러고 있는 거야? 다시는 가르쳐 주나 봐라.’

　그런데 그해 가을 놀라운 일이 벌어졌다. 시범 전정한 나무 세 그루에 볼품없고 당도 낮은 2등급 귤이 열린 반면, 그냥 내버려둔 나무에 최상급 귤이 열린 것이다. 이래서야 전정을 할 의미가 없었다. 아니, 오히려 마이너스가 아닌가!

　다행히 그 농가는 양돈업을 주로 하던 농가였다. 귤로만 생계를 꾸려 나가던 집이 아니어서 전정 실패를 크게 문제 삼지 않고 넘

강전정한 분재

어갈 수 있었다. 하지만 그는 그 경험을 통해 자신이 계속 회피해 왔던 의문과 정면으로 마주할 수밖에 없었다.

'내 전정 방식, 그러니까 농협이 권장하는 방식에 문제가 있는 건 아닐까?'

도호 마사노리는 자신이 전정한 나무가 해거리를 할 때마다 전정이 부족한 건 아닐까 고민했다. 좀 더 가지를 쳐 내면 해거리를 피해 갈 수도 있다는 생각에 전정가위를 쥔 손에 한층 힘을 실었다. 하지만 전혀 손을 대지 않았던 나무 아흔일곱 그루에 좋은 귤이 달렸다는 것, 가지를 친 세 그루의 귤이 엉망이었다는 것이 눈앞에 존재하는 엄연한 사실이었다. 그때 처음으로 의심했다.

'혹시 전정을 너무 세게 해서?'

가지를 많이 쳐 내는 전정을 '강전정'이라고 한다. 쭈뼛쭈뼛 그런 생각을 밝히자 선배들은 이런 말을 했다.

"그래, 그럴 수도 있어. 전정도 도가 지나치면 그닥 좋지 않다는 말도 있으니까. 하지만 강습회잖아. 약간은 과장되게, 조금 과하다 싶을 정도로 잘라 주는 게 딱 좋지. 목적은 수형을 확실히 보여 주는 거니까. 강습회에서는 첫째가 수형이야. 귤의 품질은 두 번째여도 돼."

네? 뭐라고요? 나는 혼란스러웠다. 일부러 과하다 싶을 정도로 가지를 쳤다는 것도 그렇고, 그렇게 해서 시원찮은 귤이 달려도 어쩔 수 없다는 식이었기 때문이다. 해거리를 부르는 그릇된 방법을 가르쳐서 무슨 의미가 있다는 걸까. 내가 살짝 격해지자 도호 마사노리는 웃으며 말했다.

"그렇지. 냉정히 말해 아무 의미 없는 일이지. 그런데 말야, 선배한테 내가 틀리지 않았다는 말을 들으니 더는 아무 말도 못 하게 되더라고."

내가 하는 가지치기가 틀린 건 아닐까? 과수 시험장에서 배운 방식, 현장에서 선배들에게 주입교육 받은 방식, 오랜 세월 의심 없이 계속해 온 방식에 처음으로 물음표가 달렸다. 한 번 물음표를 맞닥뜨리자 두 번째, 세 번째 물음표도 잇달아 눈에 들어왔다. 연애할 때도 마찬가지다. 상대를 완전히 믿고 있을 때에는 아무것도 보이지 않는다. 그러나 한 번 "어라?" 싶으면 수상한 부분이 자꾸 눈에 들어온다.

"두 번째는 잡초였지."

당시 농협에서는 봄이 되면 밭에 제초제를 치라고 했다.

"농민 여러분. 이제 슬슬 제초제를 뿌릴 때입니다."

그는 마을 방송으로 제초제 작업을 권장했다. 담당 지역 300가구의 제초율을 살펴 상사에게 보고하기도 했다. 그는 그 무렵의 자신을 '충성심 높은 월급쟁이였다.'고 회상했다. 물론 농협 매상이나 올리겠다는 심산으로 제초제를 치라고 호소하고 다닌 것은 아니었다. 밭이 잡초에 덮여 있으면 땅거죽 온도가 더디게 올라가고, 그만큼 꽃 피는 시기도 늦어진다고 다들 믿고 있었기 때문이다.

"꽃이 빨리 피는 나무에 맛있는 귤이 달린다는 신화가 있었거든. 그러니 다들 하루라도 빨리 개화시키려 안달이었지."

꽃이 빨리 피면 열매도 빨리 맺힌다, 열매가 맺힌 뒤 수확할 때까지 시간이 길수록 나무에 매달려 숙성되는 시간도 길어지므로 달고 맛있는 귤이 된다, 그러니 개화를 앞당기려면 잡초를 하루라도 빨리 잡아야 한다, 그렇게 설명하며 도호 마사노리는 의욕적으로 제초제를 보급했다.

그리고 동시에 그는, 기노에초 농협 지도과에 딸린 밭에서 제초제 실험을 했다. 밭 절반에는 제초제를 쓰고 나머지 절반에는 제초제를 쓰지 않았다. 제초제를 친 밭에서 꽃이 빨리 핀다는 사실을 두 눈으로 직접 확인시켜 주겠다는 작전이었다.

4월이 지나 5월에 접어들며 드디어 꽃 피울 때를 맞았다. 그는 경악을 금치 못했다. 풀이 있건 없건 개화 시기에 아무런 차이가 없었기 때문이다. '잡초를 없애자. 잡초가 있으면 개화가 늦어진다.'고 그렇게나 의욕에 차서 가르쳤는데 잡초가 있거나 없거나 꽃 피는 때와는 아무런 관계가 없었기 때문이다. 맙소사. 이게 무슨 일인가. 제초제를 쳐야 할 까닭이 하나도 없었던 것이다.

여기서 눈여겨보아야 할 부분은 도호 마사노리가 실제로 실험을 해 보았다는 점이다. 그 덕분에 제초제 작업 경과를 관찰할 수 있었다. 다른 지도원들은 일단 제초 작업이 완료되면 그걸로 끝이었다. 효과가 있는지 없는지, 실제로 확인해 본 사람이 그때까지 한 사람도 없었다. 아마 내가 지도원이었더라도 그랬을 것이다. '옛날부터 그렇게 해 왔고, 다들 그렇게 하니까.'라는 말로 얼버무리고는 차 한 잔 따라 가며 속 편하게 과자나 먹지 않았을까. '원래'라든가 '다들'이라든가 그런 단어에 안주해 버리면 개선되는 것은 아무것도 없다. 도호 마사노리는 사람의 생각보다 귤 자체를 제대로 바라보기 시작했다.

"지금 생각해 보면……,"

그가 그렇게 말문을 열었다.

"개화가 빠르면 귤이 맛있어진다는 말은, 어떤 의미에서는 맞지만 어떤 의미에서는 틀린 말이야. 예를 들어 일주일 빨리 개화시켜 일주일 빨리 열매가 맺혔다고 해 보자고. 하지만 그 뒤 또 일주일 동안 비가 내려 햇볕이 부족하다면 어차피 플러스마이너스 제로거든. 자연 속에서, 이런저런 조건이 얽히고설켜 귤이 열리고 익어 가는 거니까. 원인과 결과가 단순 연결되는 공산품하고는 다른 거지."

도호 마사노리는 실험 밭에서 하늘을 올려 보며 생각했다.

'어쩌면 우리 방식이 틀렸을지도…….'

흰 귤꽃이 푸른 하늘 아래 빛나고 있었다.

6 핵심은 돌멩이였다

수험생에게 표준편차가 있고, 야구선수에게 타율이 있듯, 귤 가격은 당도로 결정된다. 수확이 끝난 귤은 농협 선과장에 모인다. 거기서 크기별로 나누고 당도별로 등급을 매긴다. 예전에는 표본을 골라 일일이 과즙을 짜서 당도를 측정했지만 지금은 빛을 쏘아 굴절률을 계산하는 방식을 쓰는지라 귤을 망가뜨리지 않고도 순식간에 당도를 잴 수 있다.

귤은 당도가 보통 10에서 11 정도다. 과일 중에서도 단맛이 낮은 축에 속해서 "고당도 귤을 길러 낼 정도라면 어떤 과일이든 성공한다."는 말이 나올 정도다. 당도가 12 이상이면 보통 귤보다 무려 다섯 배나 비싼 값이 매겨진다.

그러고 보니 야생 귤은 확실히 신맛이 강하다. 그렇다면 보통 우리가 먹는 귤이 단 까닭은?

"귤의 당도를 높이기 위해 농부의 수고와 노력이 들어가는 거군요."

그렇게 고개를 끄덕이는 내게 그는 웃으며 말했다.

"그런데 말이지, '시간과 수고를 들이면 결과물이 좋다.'는 생각도 거의 틀렸다고 할 수 있거든. 만약 수고 같은 거 들이지 않았는데도 돈을 벌 수 있다면 그게 제일 좋지 않겠어? 하하하. 아무튼 그 이야기도 차차 진득하니 나눠 보자고."

시간과 수고를 들여야 한다는 신앙 같은 믿음. 그 믿음에 대한 부정이라니. 무척이나 신경 쓰이는 주제이기는 하지만, 일단은 당도 이야기부터. 어찌 됐건, 귤 농가가 안정적으로 굴러가기 위해서는 매년 당도 높은 귤을 부침 없이 거둘 수 있다면 그걸로 충분하다.

기후와 상관없이 당도 12가 넘는 귤을 길러 내는 기술. 도호 마사노리와 귤 농가가 어떻게든 손에 넣고 싶었던 절실한 바람이었다. 그래서 '오사키카미지마 지역농업진흥협의회'의 예산으로 철저히 조사해 보기로 했다.

"300만 엔에서 500만 엔 정도? 아마 그 정도 돈이 투입됐을 거야."

제법 큰 규모의, 과감한 예산 편성이었다. 컴퓨터도 없던 시대, 조사 작업은 오직 사람 손으로 이루어졌다. 도호 마사노리를 포함한 영농 기술 지도원 셋에 보조원 셋, 모두 6명이 그 프로젝트에 달려들었다.

당시 오사키카미섬 선과장에는 다섯 개 농협 지점의 귤이 모였다. 프로젝트 팀은 농가별로 10년 치 자료를 전부 확인했고 10년 연속 당도 12 이상을 기록한 밭을 추려 목록을 정리했다.

"조사하나마나 남향에다가 비탈땅에 있는 밭들일 거라 생각했어. 그런데……."

그 무렵 그는 일조량과 배수가 당도에 결정적인 영향을 준다고 믿었다. 전국의 농협 지도원이 참고하는 귤 재배 교과서에도 그렇게 나와 있었다. 그러니 남향 혹은 남서향의 계단식 밭일 거라는 예상은 당연한 수순이기도 했다. 하지만 정작 뚜껑을 열어 보니,

"설마!"

너무 놀라 다들 눈이 휘둥그레졌다. 물론 남향의 계단식 밭도 있기는 했다. 하지만 그런 밭은 다 해 봐야 40퍼센트 정도였다. 동향이나 서향인 밭에서도 당도 높은 귤을 거두고 있었다. 믿을 수 없게도 북향의 평탄지에서마저 그랬다.

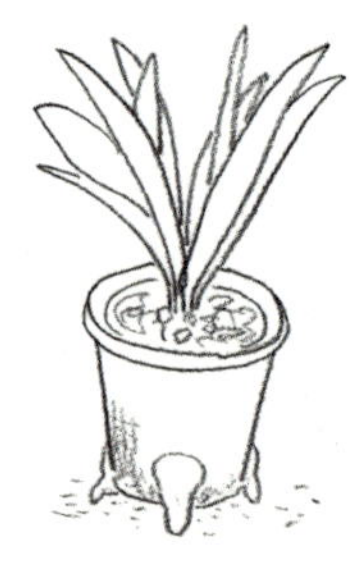

만년청

결과를 전해 들은 농협 직원들은 그게 진짜냐며 다들 술렁댔다. 남향부터 남서향의 비탈땅이 귤을 기르기에 적합하다는 것이 오랜 세월 통용되던 상식이었다. 그런데 그 상식이 와르르 무너졌다. 어떻게 북향 밭에서 당도 높은 귤이 자랄 수 있다는 걸까? 어쩌면 생각지도 못한 새로운 발견이 기다리고 있을지 몰랐다.

"그렇게 큰 예산을 썼는데 '모르겠습니다.'로 끝낼 수는 없잖아? 당도가 높아지는 까닭을 어떻게든 찾아내야만 했어."

정답은 모두 현장에 있다. 문제를 풀고 싶다면 현장으로 가라. 프로젝트 팀은 당도 12를 유지하는 밭을 부지런히 오가며 눈에 불을 켜고 원인을 찾았다.

"뭔가 같은 조건은 없을까?"

날이면 날마다 당도의 비밀을 탐색했다. 그리고 결국은 찾아냈다. 밭 흙에 돌멩이가 잔뜩 섞여 있다는 것. 그것이 고당도 밭의 공통점이었다. 아무도 예상 못한 공통점이라 농협 내부에서는 "뭐? 돌멩이?"라며 비웃는 분위기가 만연했다. 그런데 단 한 사람, "오! 돌멩이. 그럴 수도!"라며 프로젝트 팀의 발견에 큰 관심을 보이는 사람이 있었다. 지도과장인 고쇼 지켄시였다. 고쇼 과장은 취미로 만년청*을 키우던 이였다. 그는 "화분의 70퍼센트 이상을 분재석

---

* 백합과의 여러해살이풀. 관상용으로 잎을 보기 위해 분재로 많이 기른다.

으로 채워야 만년청이 건강하게 자란다.”고 했다. 그 말을 듣고 도호 마사노리는 확신했다. 비밀의 열쇠는 돌멩이가 쥐고 있다!

“그런데 돌멩이가 많으면 왜 당도가 높아지는지, 그 이유까지는 솔직히 잘 몰랐어.”

돌멩이 때문에 물빠짐이 좋아져서일 수도 있고, 지표의 온도가 올라가서일 수도 있다고 두루뭉술 생각했다. ‘일조량과 배수가 제일 중요하다.’고 머릿속에 박혀 있었으니 자연스레 그쪽으로만 생각이 흘렀다. 식물의 뿌리 근처에 돌멩이가 있으면 무슨 일이 벌어지는지, 도호 마사노리가 그 놀라운 시스템을 이해하게 되는 건 아직 한참 뒤의 이야기다. 그런데 그 전에, 이 발견이 생각지 못한 사태를 불러왔다.

도호 마사노리는 조사 결과 확인 차 시험 재배장에 돌을 뿌려 보기로 했다. 1세제곱미터 당 3,500엔 하는 자갈을 2세제곱미터 정도 귤밭에 투입했다. 그러자 선배 지도원이 시비를 걸어 왔다.

“너 혹시 미쳤냐? ‘밭에서 돌을 골라내자.’고 실컷 권하고 있는데, 바로 옆에서 정반대 짓을 하다니!”

“큰돈을 들여 조사를 했고, 당도와 돌멩이 사이에 뭔가 상관관계가 있다는 결론이 나왔습니다. 진짜인지 아닌지 확인해 보는 게 당연한 거 아닙니까?”

“신참 주제에 건방진 소리!”

나왔다! 전 세계 어디든, 그게 조직 사회라면 백만 년 전부터 쓰였을 대사. 젊은 놈은 입을 다물라는 거다. 그러는 와중, 본청의 상사까지 볼 때마다 "농협은 언제 그만둘 거냐?"며 언짢은 소리를 하기 시작했다. 처음에는 적극 상담에 나서던 노조 위원장도 세 번째 만남부터는 태도를 바꿨다.

"자네도 선배를 우롱했다는 걸 인정하게. 노조도 더 이상은 지켜 줄 수 없네."

네? 누구 편을 드는 거죠, 노조 위원장님? 사태 수습은 요원해졌고 놀랍게도 농협은 그에게 좌천 처분을 내린다. 허탈해하는 나와 달리 그는 이 대목에서 즐거워 보이기까지 한다.

"이 사건이 이른바, 도호 마사노리의 첫 번째 좌천 사건이었지."

으하하하. 어째 역사 TV 프로그램의 내레이션 같다.

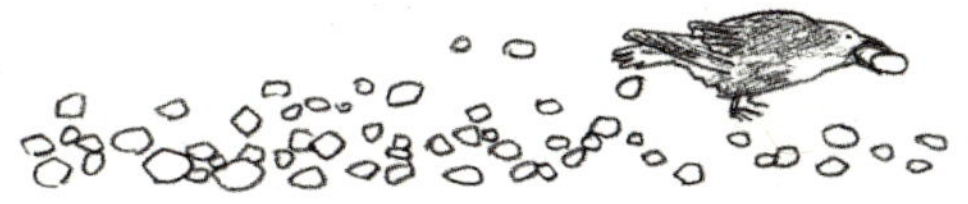

　차 마시며 한 알, 도시락 까먹고 한 알, 해장 대신으로 한 알. 지금까지 살면서 얼마나 많은 귤을 먹었을까. 그런데도 귤에 대해 아는 건 별로 없다. 너무 익숙한 존재라, 그렇겠거니 내버려두고 살았다. 생각해 보면 삶 속에 그런 것들 천지구나 싶다. 도호 마사노리의 이야기를 듣다 보니 귤의 역사와 생태적인 특징이 새삼 궁금해졌다. 이래저래 조사해 봤다. 귤은 여러 이야기를 품고 있는 과일이었다.

　감귤류의 기원은 약 3,000만 년 전이다. 인도 동북부, 미얀마 부근이 원산지로, 거기서 세계 각지로 퍼져 나갔다. 현재 지구상에서 가장 많이 재배되는 과일이기도 하다.

　내가 특히 좋아하는 온주 밀감은 약 500년 전에 탄생했다. 중국에서 가고시마현으로 들어온 밀감종이 교접 변이를 거쳐 온주 밀감으로 태어났다. 중국 저장성의 지역명을 따서 '온주'라는 이름이 붙은 까닭에 중국이 원산지라고 생각하기 쉽지만 실제로는 일본 품종이다. 에도시대(1603년~1867년)까지는 규슈 일부 지역에서만 재배되었을 뿐, 그리 널리 퍼지지는 못했다. 당시 온주 밀감이 인기가 별로였던 건 과육에 씨가 없다는 이유 때문이었다. '씨가 없다 … 후대를 잇기 어렵다 … 부정 탈 수 있다'는 인식이 만연했다고 하니 세상에나, 놀랄 노 자다.

그런 연유로, 에도시대에 가장 대중적이던 귤은 기주 밀감이었다. 기주 밀감은 열매가 더 작고 과육에 씨가 박혀 있는 품종으로 중국 남부가 원산지다. 일본에서는 와카야마현 아리타 지역이 기주 밀감 산지로 유명하다. 에도의 거상 기노쿠니야 분자에몬이 이 지역에서 배를 만들어 기주 밀감을 싣고 나가 큰돈을 벌었다는 이야기도 전해 내려온다. '천 냥 밀감'이라는 고전 만담에서 천 냥 값이 붙었다는 귤도 아마 기주 밀감일 것이다.

귤이 등장하는 이야기라면 아쿠타가와 류노스케의 단편 '밀감'도 빼놓을 수 없다. 요코스카선 기차에 탄 주인공 앞에 시골뜨기 소녀가 앉아 이래저래 성가시게 한다는 이야기다. 소녀는 행색이 지저분하다. 3등칸 표로 뻔뻔하게 2등칸에 올라탄 것도 그렇고 기본적인 예절도 꽝이다. 주인공은 소녀가 하는 행동 하나하나에 진절머리가 난다. 그러나 마지막에 주인공의 심경을 밝혀 주는 대역전이 기다리고 있다. 낑낑대며 기차 창문을 연 소녀가 애절하게 손을 흔드는 남자아이들에게 귤을 던져 준다. 포물선을 그리며 날아가는 귤의 선명한 빛깔. 그 모습을 본 주인공은 소녀의 사정을 알아차리게 된다. 아마 소녀는 집을 떠나 식모살이하러 가는 길일 것이고, 배웅 나온 남동생들에게 고마움을 전하기 위해 귤을 던져 준 것이리라. 그 순간, 소녀 때문에 곤두선 마음은 온데간데없고 주인공의 마음에도 따뜻함이 깃든다.

이 작품은 다이쇼 8년(1919년)에 발표됐다. 소녀가 던진 귤은 어떤 품종이었을까? 괜시리 궁금해진다.

메이지 시대(1868년~1912년)에 들어서면서 갑갑한 봉건주의도 (어느 정도는) 역사의 뒤로 물러났다. 씨가 없다는 게 별문제가 아닌 시대가 됐다. 오히려 씨가 없어서 먹기 편한 데다가 열매도 크고 즙도 많고, 무엇보다 달고 맛있다는 이유로 온주 밀감이 세상에 퍼져 나갔다. 일본 각지에 온주 밀감 나무가 심겼고 특히 태평

귤을 실어 나르던 배

양 쪽이나 세토내해 연안의 남쪽 면 비탈땅에 많이들 심었다. 연간 기후가 온난한 지역, 바람이 잘 통하고 물빠짐이 좋은 땅을 재배 적합지라 여겼기 때문이다. 그러므로 '밀감'의 무대가 된 가나가와현 요코스카 근처에서도 다이쇼 시대(1912년~1926년) 정도면 온주 밀감이 재배되지 않았을까 싶다.

메이지 시대 이후, 외국에서 오렌지, 레몬, 폰칸* 따위가 들어오면서 귤 과수 업계는 한층 더 활기를 띠게 된다. 그 유명한 '청견'이 바로 온주 밀감과 오렌지를 교배해 만든 품종이다. 장장 30년이란 세월을 거쳐 세상에 나오게 된 것인데, 그 자체의 맛도 좋지만 육성종으로도 우수한 품종이다. 시라누히(한라봉), 데코폰**, 세토카(천혜향), 하루미(춘견)처럼 청견 혈통에서 탄생한 자식과 손자 가운데서도 스타가 속출했다. 그야말로 감귤계의 선데이 사일런스*** 랄까.

하지만 가장 안정적으로 인기를 끈 품종은 역시 온주 밀감이었다. 도호 마사노리가 당시를 회상하며 말했다.

---

* 인도 원산의 귤속 품종으로 달고 향이 좋다.

** 구마모토현에서 재배하는 시라누히의 등록상표명. 품종명은 아니다.

*** 1980년대 말, 일본의 각종 경마 대회를 석권했던 경주마. 은퇴 후 종마로 여러 자손을 생산했으며 자손들도 경마에서 뛰어난 성적을 거뒀다.

"1950년대, 60년대에는 따면 따는 대로 전부 다 팔렸지. 귤 농가는 맨날 싱글벙글이었고."

태평양전쟁 이후 온주 밀감의 수확량이 급격히 늘어났고 1975년에는 366만 톤이 넘는 양을 기록했다. 그리고 그해에 정점을 찍은 뒤 지금까지 꾸준하게 하락 곡선을 그리는 중이다. 수입 과일이 늘어난 것이 원인 중 하나라는 분석인데, 1991년 미국의 압력으로 오렌지 수입이 자유화된 것도 영향을 미쳤을 것이다. 거기다가 귤밭이 대부분 비탈에 있어서 농사일의 강도도 센 편이다. 생산자의 고령화, 후계자 부족도 귤 농사의 앞길을 가로막고 섰다. 현재, 온주 밀감 생산량은 75만 톤까지 떨어졌다. 45년 동안 약 5분의 1 수준으로 쪼그라든 것이다.

선데이 사일런스

채소와 곡식은 씨를 뿌려 1년 안에 수확이 가능하다. 그런데 과일나무는, 묘목을 심고 열매를 맺는 나무로 키우기까지 못해도 4년에서 6년 정도 걸린다. 그러므로 농사를 짓겠다는 청년 농부가 있다 해도 과수 농사에 달려들기에는 남다른 각오가 필요한 실정이다. 그렇다면 이제 귤의 미래는 어둡기만 한 걸까?

"힘든데 돈이 안 돼. 그러니 아무도 안 하려는 거지. 편한데 돈이 돼. 그러면 다들 하려고 하겠지?"

"그거야 그렇긴 한데요……."

"편한데 돈이 되는 농사. 그런 귤 농사를 하면 되지!"

도호 마사노리의 얼굴에 웃음이 가득했다.

7 멋진 선배가 나타나다

도호 마사노리는 노미섬으로 발령이 났다. 히로시마현 구레시에서 다리를 건너면 구라하시섬이고 거기서 다시 다리 하나를 더 건너야 노미섬이다.

"노미시마 농협은 화훼에 힘을 쏟고 있었어. 귤 농가도 있긴 했지만 열심인 사람은 드물었지. 그러니 귤 지도원을 노미섬으로 보냈다는 게 무슨 의미겠어? 좌천이라는 거지, 확실한 좌천. 으하하하."

그러나 노미섬에는 도호 마사노리의 인생을 바꾸게 될 발견이 기다리고 있었다. 오늘날 그가 귤뿐만 아니라 온갖 작물에 대해 확신을 갖게 된 것도 노미섬에서 경험한 일들이 밑바탕이 되어 줬기 때문이다.

노미섬 부임 2년 차, 같은 농협에 이케다(가명)라는 고참이 발령받아 들어왔다. 하우스 귤 재배에 획기적인 노하우를 가진 인물로, 전국에 그 명성이 자자한 지도원이었다. 그는 위에서 내려온 방식을 그대로 보급하던 다른 농협 직원들과는 달랐다. 자신만의 기술을 끝까지 파고드는 독불장군 스타일. 멋진 선배였다. 도호 마사노리는 열 살 위인 이케다 선배에게 완전히 매료됐다. 특히 그를 사로잡은 건 이케다식 전정 방식이었다.

그때까지도 도호 마사노리는 전정을 두고 헤매고 있었다. 예의 그 사건(100그루 중 시범 전정한 세 그루에서 2등급 귤이 나온 사건) 이후 별다른 진전이 없었기 때문이다. 가지를 너무 많이 친 것이 문제라는 것 정도만 추측할 뿐, 어떻게 전정을 해야 할지 갈피를 잡을 수 없었다. 그런데 이케다 선배가 고안해 낸 전정 방법을 접하고 한 줄기 빛 같은 돌파구가 열렸다. '위로 솟는 가지를 3년에 걸쳐 쳐 낸다.'는 획기적인 방식이었다.

첫해에는 위로 솟는 가지에 상처만 낸다. 2년째에는 조금 더 깊이 상처를 낸다. 그리고 3년째 되는 해에 그 가지를 완전히 쳐 낸다. 솟는 가지를 쳐 내는 건 맞지만 3년에 걸쳐 가지치기를 마치게 돼 지나친 전정은 피할 수 있는 방법이었다. 이렇게 가지를 치면 해거리도 하지 않는다. 오! 이런 방법이 있을 줄이야! (이후, 도호 마사노리는 솟는 가지를 쳐 내지 않고 그대로 남겨 두는, 더 획기적인, 아니 혁명적인 방식을 확립하게 되는데, 그 이야기는 차차 살펴보기로 하자.)

이케다 선배는 광합성과 같은 식물의 구조와 원리에 대한 이해가 깊은 사람이었다. 정기적으로 공부 모임을 열어 다양한 지식을 가르쳐 주기도 했다.

"대단한 사람이었어."

도호 마사노리는 그를 두고 몇 번이나 이렇게 말했다.

그 무렵 그는 강전정에 확실한 의심을 품고 있으면서도 어딘가에 사고가 멈춰 있는 자신을 발견하고는 했다. 직속상관에게 '그 정도면 됐다.'는 말을 들어 버리면 더 이상 아무것도 할 수 없는 게 조직의 생리다. 하지만 이케다라는 사람은 의문과 부딪칠 때마다 제대로 공부했고, 제대로 고민했으며, 독자적인 방식을 궁리해 나갔다. 조직에 속해 있으면서도 제대로 된 진실을 살피는 게 가능하다는 것. 도호 마사노리는 거기에 감명을 받았다고 했다.

이케다 선배가 일을 대하는 방식에 자극을 받아, 도호 마사노리도 자유로운 발상으로 귤 재배를 탐구해 나가기 시작했다. 그 속에서 도출된 것이 '까만 비닐 멀칭 작전'이었다.

귤나무는 보통 묘목을 심고 5년째부터 열매를 맺는다. 농가 처지에서는 되도록 빨리, 튼튼하게, 열매를 맺는 귤나무로 키우고 싶게 마련이다. 그 사이에 제초제를 쓰지 않아도 된다면 더더욱 반가울 터였다. 그 지점에서 도호 마사노리에게 좋은 생각이 떠올랐다. 채소밭이라면, 까만색 폴리에틸렌 비닐 시트로 이랑을 덮는 일이 많다. 흔히들 '까만 비닐 멀칭'이라 부르는 작업인데, 밭에 비닐을 덮으면 보온 효과도 좋고 잡초 방제 효과도 뛰어나다. 귤 묘목을 심을 밭에도 까만 비닐을 덮어 본다면?

"지금까지 아무도 시도하지 않은 방법이었어. 그래서 더욱 해 볼 가치가 있다고 생각했지."

그는 곧바로 덮개용 비닐을 주문해 담당 지역 귤 농가에 배포했다. 그런데 이 소식을 들은 이케다 선배가 '절대 안 된다.'며 작전 한가운데로 비집고 들어왔다.

"까만 비닐 같은 걸로 지면을 덮어 버리면 모세관현상이 발생해. 흙 속 물이 지표로 올라와 뿌리가 썩게 된다고."

그러나 도호 마사노리도 순순히 물러서지 않았다.

"전례가 없었잖습니까? 일단은 해 봐야죠. 해 보지도 않고 어떻게 압니까?"

그는 지지 않고 선배의 말을 물고 늘어졌다. 하지만 이케다 선배 또한 지식과 경험에서는 누구에게도 지지 않는다는 자부심이 있었다.

"쓸데없는 짓을 했다가 네가 담당하는 농가의 묘목이 망가지면 어쩔 건데? 그보다도 도호 너, 모세관수에 대해 아는 거라도 있냐?"

이케다 선배가 전문용어를 구사하며 압박해 오기 시작했다. 모세관수 같은 거 내가 어떻게 알아? 도호 마사노리는 삐딱선을 탔고 고집을 피웠다.

"네. 알겠습니다. 실패하면 할복이라도 하겠습니다."

아이고, 선생님. 사무라이신가요? 하하하.

아무튼 그렇게 할복까지 각오한 멀칭 작전이었지만 이케다 선배는 물론, 주변 모두의 시선은 냉담했다. 선배한테 대들면서까지 실험을 고집하다니 주제를 모르는 녀석이다, 쓸데없는 짓을 왜 하는지 모르겠다, 그와 같은 시선이 날아와 꽂혔다.

그렇지만 시간이 지날수록 차이가 나기 시작했다. 도호 마사노리가 담당한 지역의 묘목이 유달리 건강했고 1년이 지나자 격차는 더 확연해졌다. 그가 담당한 밭에서 제일 부실한 묘목과 이케다 선배 밭에서 제일 튼실한 묘목을 비교해도 단연 '도호 마사노리 압승'이라는 결과가 나왔다.

"도호 지도원의 아이디어, 정말 대단한데!"

농가도 크게 기뻐했다. 이듬해부터 노미시마 농협에서는 모든 지역의 묘목밭에 까만 비닐을 덮도록 권장했다. 이케다 선배는 체면을 완전히 구겼지만 어쩔 수 없는 일이었다. 이것이 자연을 상대로 하는 직업의 재미이자 무서움이다. 어느 쪽이 옳은지, 대답은 항상 귤이 내린다.

까만 비닐은 왜 그토록 효과가 좋았을까? 그는 수시로 비닐을 들춰 봤다고 했다. 그때마다 흙이 늘 촉촉했고 지표의 온도도 높았다. 이 또한 중요한 발견이었다. 마치 경전 구절이라도 되듯 '일조량과 배수가 핵심'이라는 소리를 내도록 들어 왔다. 그러나 그 경험 이후 '물과 온도가 핵심'이라는 확신을 얻었다. 도호 마사노리 앞에 산발적으로 튀어나오던 여러 의문들이 핵심 원리로 집약되기 시작했다. 드디어 때가 다가오고 있었다.

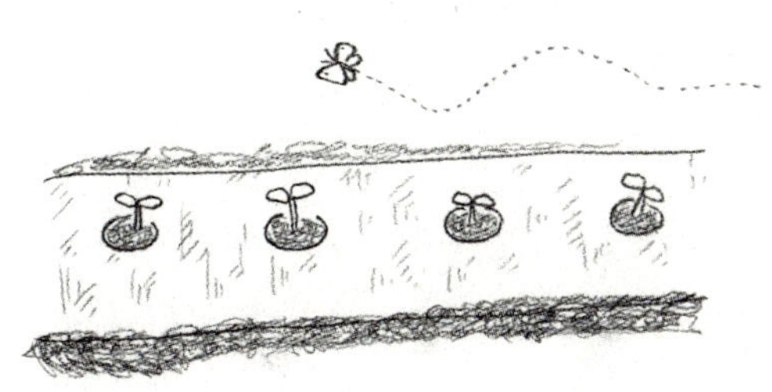

8   드디어 '금단의 묶기'를 만나다

어느 날 이케다 선배가 묘목 육성법에 관해 재밌는 말을 꺼냈다.

"새로 난 가지를 다섯 개씩 모아 헐렁하게 묶어 보자."

앞에서도 말했듯, 한시라도 빨리 묘목을 키워 열매를 맺게 만드는 것이 귤 농가의 공통된 염원이었다. 어떻게 하면 새로 난 가지를 빨리 키울 수 있을까, 다들 그 방법을 안간힘을 다해 궁리했다.

가장 흔한 방법은 지주대 세 개를 비스듬히 박고 새 가지가 나오면 거기에 묶는 방법(이를 '가지 유인'이라 한다.)이다. 그러나 이케다 선배의 생각은 달랐다. 지주대 하나만 수직으로 세워 새로 나온 가지를 한꺼번에 묶는 방식이다. 새로 난 가지 끝이 위로 가게 해 보자는 것이다.

"중요한 건 헐렁하게 묶는 거야. 너무 세게 묶으면 햇볕도 그렇고 통풍도 나빠지니까."

"아하, 말 되네요. 가지가 위로 뻗으면 더 잘 자랄 것 같아요. 해 봅시다."

그는 곧바로 찬성했다. 귤 농가에 도움이 될 것 같은 일이라면 그게 뭐든 다 해 보고 싶었다. 담당 농가에 '이케다식 헐렁하게 묶기'를 의욕적으로 권장했다.

그런데 이 대목에서 좀 특이한 농부가 등장한다. 어떤 의미에서는 이 책의 가장 중요한 조연이기도 한 요시다 마사유키 씨다. 늘 만사태평에 남들 눈치 안 보는 성격. 도호 마사노리 담당 지역에서 귤 농사를 짓고 있으나 히로시마 시내에서 주택 임대업도 하는 관계로 "뭐, 꼭 그렇게 귤을 열심히 할 필요 있나?"라고 말하는 부류의 농부다. 그런데 무슨 생각을 한 건지 묘목의 새로 난 가지를 꽁꽁 묶고 있는 걸 도호 마사노리가 발견했다.

"아이고, 요시다 씨! 그렇게 하면 안 돼요. 너무 세게 묶었잖아요."

도호 마사노리는 얼른 요시다 씨를 말렸다.

"그렇게 세게 묶으면 이파리가 겹쳐서 해가 들지 않아요. 광합성도 못 하고 통풍도 나빠져서 응애가 생길 수도 있고요. 최대한 헐렁하게 묶는 게 핵심입니다."

애정 어린 조언을 듣는 건지 마는 건지, "아, 그래?" 입으로는 그러면서도 묶어 놓은 걸 느슨히 풀어 줄 생각은 없어 보였다. 그뿐만이 아니다. 비료를 치는 시기가 와도 까만 비닐을 하나하나 벗겨 내는 게 귀찮다며 비료마저 주지 않았다. '까만 비닐 멀칭 작전'

의 설마 했던 위기, 예상에서 벗어나는 전개였다. 몇 번이나 당부를 했지만 요시다 농부는 전혀 말을 들으려 하지 않았다. 망했다 싶었다.

그런데 3주쯤 지났을 무렵, 말도 안 되는 일이 벌어졌다. 요시다 씨네 묘목이 엄청난 기세로 자라기 시작했다. 착실히 비료를 준 다른 농가를 제치고, 월등한 기세로 쑥쑥쑥! 살짝 흥분한 목소리로 그는 이야기를 이어 갔다.

"결국 요시다 농부의 묘목은 2년 만에 3미터를 넘길 만큼 잘 자랐어. 비료도 안 쳤는데 그렇게나 자랄 수 있다니, 어쩌면 세계 최초의 사례일지도!"

그때까지 본 적 없는 식물의 힘이었다고 했다. 그 힘을 일깨운 건 도대체 건 뭐였을까? 아무리 생각해도 답은 하나였다. '새로 난 가지 꽁꽁 묶기', 그것밖에 없었다.

그해 요시다 농부의 묘목은 '노미시마 농협 묘목 품평회'에서 당당히 1위를 차지했다. 게다가 '히로시마과실연합회 회장상'도 수상했다. 거기에도 재밌는 후일담 하나가 따라왔다. 품평회에 출품하려면 재배 이력을 첨부해야 했다. 그렇지만 농협을 상대로 '무비료'라고 쓸 수는 없는 노릇이라 '매월 15그램씩 비료 침'이라고 가짜 이력을 써서 출품했다고.

"하하하하."

내가 깔깔대자 싱글벙글 웃던 그가 마지막 결정타 한 방을 더 날렸다.

"더 웃긴 게 뭔 줄 알아? 회장상 부상이 비료였어. 비료 100포. 하하하하."

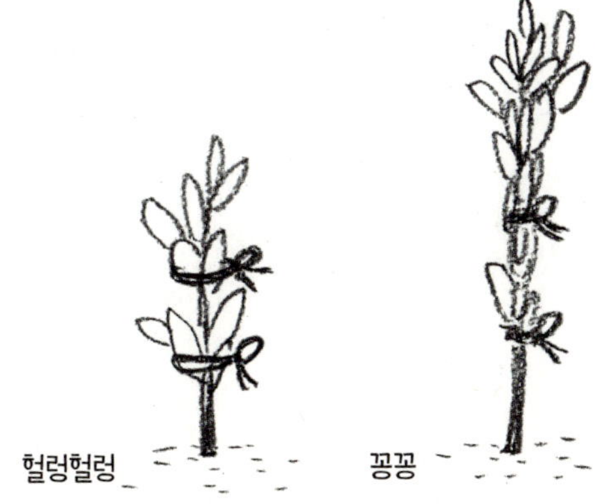

9 그 재배법은 낭설입니다

1989년, 도호 마사노리는 세토다초 농협으로 옮기게 됐다. 히로시마현 오노미치시에서 시마나미 해안도로*를 타고 넘어가면 인노시마 끄트머리에 이를 즈음 이쿠치섬과 고네섬 지역이 눈에 들어온다. 그 일대가 세토다초로, 전국에서도 이름이 높은 만감류 산지 중 하나다. 700가구 남짓한 농가가 모여 살며, 영농 지도원도

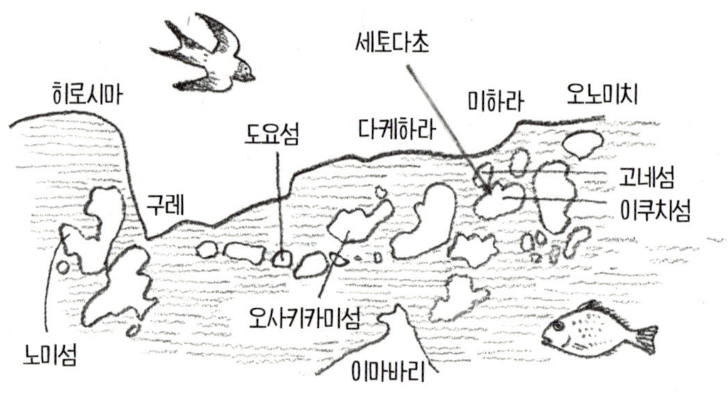

---

*히로시마현과 에히메현 사이 세토나이카이에 떠 있는 6개의 섬을 잇는 도로.

3명이나 배속되어 있는 지역이다.

"묘목 재배에 능하다는 이유로 히로시마에서 제일가는 귤 산지에서 일을 해 달라는 요청이 들어왔어. 좌천의 연속이던 내 인생에서 유일한 영전이라 할 수 있지. 그것도 다 요시다 농부 덕분이었지만."

"아무래도 영전이니, 기분 좋으셨겠어요."

"흠, 글쎄. 특별히 그렇지도 않았어."

사람들이 선망하는 지역으로 갔다고, 위에서 내려오는 방침을 그대로 받아들일 그가 아니었다. 지금까지의 의문과 발견이 차곡차곡 쌓여 식물의 목소리를 듣는 감도는 점점 높아지고 있었다.

세토다초에서 제일 먼저 눈에 들어온 건 네이블 오렌지의 순지르기 문제였다. '순지르기'란 불필요한 순을 일일이 따 내는 작업을 말한다. 그 무렵 농협은 7월 이후 돋는 네이블 오렌지의 여름눈은 모조리 따 내야 한다고 지도했다. 만감류 중에서도 네이블 오렌지와 레몬에 특히 여름눈이 많은데, '여름눈을 남겨 두면 그쪽으로 영양분을 빼앗겨 열매가 잘아진다.'는 이유에서다. JA히로시마 과실련의 교육 교재에도 그렇게 쓰여 있다.

하지만 여름눈을 모조리 따 내는 건 꽤나 힘든 작업이다. 하나하나 손으로 다 따야 하는데, 일주일만 지나도 같은 자리에 다시

순이 돋는다. 그러면 다시 또 일일이 따 내고, 그러면 다시 또 새순이 돋고……. 9월 무렵까지 장장 일여덟 차례는 순지르기를 해야 한다는 이야기다. 네이블 오렌지 나무를 수십 그루 넘게 키우는 농가로서는 말도 안 되는 중노동에다가, 비용도 많이 드는 작업이다. 힘이 들긴 해도 품질 좋은 오렌지를 거두자면 어쩔 수 없다, 그때는 다들 그렇게 생각했다. 그러나 도호 마사노리만이 '이상한 생각'을 하기 시작했다.

'순을 모조리 따 내면 정말로 열매가 커질까?'

사실 그도 첫해에는 선배의 가르침을 따랐고, 순이 돋는 대로 전부 따는 '모조리 따기'를 농가에 지도했다. 그런데 수확한 오렌지가 생각만큼 크지 않아서 의아했다. 모조리 따기가 의미 있는 작업일까? 의문이 솟았다. 이듬해, 세토다초 지역의 네이블 오렌지,

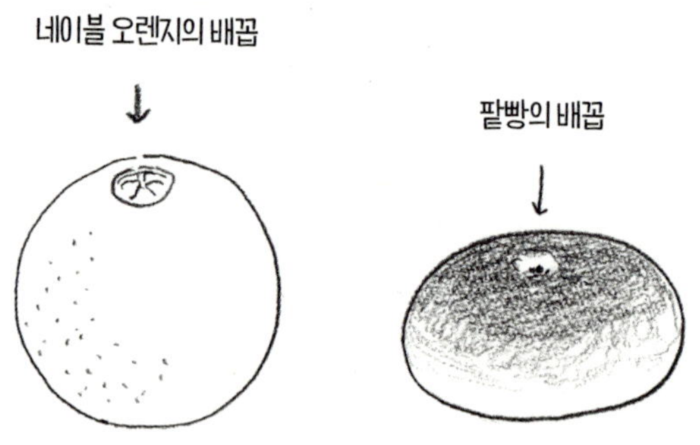

팔삭, 아마나쓰에 실험을 해 보기로 했다. '새순 하나 남기기' 방식이었다. 첫 순지르기 때 순을 모조리 따 내는 대신 가지마다 순을 하나씩 남기기로 했다. 만약 순이 하나라도 남아 있다면 그 가지에 더는 순이 돋지 않을 수 있다, 그런 생각에서 출발한 실험이었다. 만약 이 방식으로 2회 차 이후에 순지르기가 필요 없어진다면 농가는 큰 폭으로 수고를 줄일 수 있다.

그의 통찰과 예상은 그대로 들어맞았다. 순을 모조리 따 낸 나무보다 나으면 낫지 못하지는 않은, 더 크고 깨끗한 열매가 맺혔기 때문이다.

"오케이, 좋아! 이 방식을 농가에 전파하자. 수고도 덜고 열매도 커지고, 다들 기뻐하겠다!"

그렇지만 마음에 걸리는 것도 있었다. 예의 그, 눈에는 보이지 않는 조직의 관례다. 무턱대고 새 방식을 권장하면 오랜 세월 모조리 따기를 지도해 온 선배들을 부정하는 행위로 받아들여질 수 있다. 어쨌든 교과서에서도 권장하는 일이라 진중히 해 나갈 필요가 있었다. 애초에 어떤 경위로 모조리 따기가 채용됐는지 찾아보기로 했다.

우선, 과수 시험장에 '관행대로 순지르기를 하면 과실의 크기가 커진다.'는 자료가 있는지 문의했다. 돌아온 대답은 "그런 자료는 없습니다."였다. 어라?

그 대신, 생장 억제제(MH—30이라는 식물호르몬 제제) 처리를 한 과일나무와 여름순을 방치한 과일나무를 비교 실험한 기록이라면 가지고 있다고 했다. 전국의 과수 시험장 자료 5년 치, 총 25개의 실험 결과를 비교해 봤다. 발아를 억제해 대과가 된 예는 한 건도 없었다. 오히려 여름순을 방치한 쪽 열매가 더 컸다. 어라? 어라?

한마디로, 여름순 모조리 따기는 완벽한 낭설이었다. 대체 누가 그런 거짓 정보를 흘렸을까? 도호 마사노리의 가슴에 불이 지펴졌다. 잘못된 지도법의 뿌리를 홀로 조사해 나가기 시작했다. 그가 가방에서 서류 한 부를 꺼냈다.

"이게 그때 상사한테 제출했던 보고서야."

또박또박한 글씨로 빽빽하게 채워진 서류다. 요약해 보면 이런 내용이다.

내가 각처에 조사해 본 결과, 세토다초 농협에서 제일 먼저 모조리 따기를 제안한 사람은 O지역의 I씨(실제 보고서에는 본명이 기록되어 있다.)인 것으로 판명됐다. I씨에게 문의해 보니 그 제안을 한 데에는 두 가지 근거가 있다고 했다.

첫째로는, "여름눈을 따 주는 게 열매가 더 커질 것 같다."는 T씨의 발언 때문이었다. T씨는 예전에 선과장에서 근무했던 농협 직원이다. 또 하나는 "모조리 따기를 하면 당도가 올라간다는 데이터가 있다."는 과수 시험장 S 연구원의 발언이었다. 이미 과수 시험장을 퇴직한 그에게 해당 내용을 문의했다. 그러자 "나한테는 모조리 따기와 당도에 관한 데이터가 없다. 와카야마 과수 시험장에 그 비슷한 데이터가 있었던 것 같은데 확실히 기억나지는 않는다."는 대답이 돌아왔다.

우선, 꼼꼼한 조사여서 놀랐고, 이게 뭔가 싶어서 어이없기도 했다. 여름눈 모조리 따기라는 중노동은 '그러는 편이 대과가 될 것 같다.'는 단순한 억측과 '확실치 않은 기억'에 의거해 규범화되었기 때문이다. 그 사실에 대해 누구도 검증하지 않았고 어느 사이엔가 명문화되었다. 그렇게 규범화된 이상, 이제는 의문을 갖는 것만으로도 '조직을 어지럽히는 행위'가 된다. 세상 여기저기 이런 식의 어이없는 규범이 얼마나 많을까 싶다.

그의 보고서 덕분에 여태까지 해 온 순지르기에 잘못이 있다는 사실을 조직도 인정했다. 이후 JA히로시마과실련의 교육 교재도 개정됐다. '기존의 순지르기에는 많은 노동력이 필요하므로 사람 손이 부족한 농가에서는 여름순 하나를 남겨 두는 방법을 써도 좋다.'는 게 수정된 내용이었다.

"음……, 뭔가 모호한 표현이네요."

"그렇지?"

그는 빙그레 웃으며 말을 이었다. 원래라면 '여름순은 하나만 남기고 다 따 낸다. 그 뒤로는 순지르기를 할 필요가 전혀 없다.'고 개정됐어야 했다. 그러나 당시 부장은 이렇게 말했다.

"계속 해 오던 순지르기를 전면 부정하면 모양새가 날카롭잖아. 반발을 살 수 있으니 말을 좀 두루뭉술하게 할 필요가 있어. 도호 군, 자네도 어른이 좀 돼야지."

그 말에 어정쩡하게 수정된 내용을 마지못해 받아들일 수밖에 없었다. '자네도 어른이 좀 돼야지.' 이런 진부한 대사 같은 말을 실제로 쓰는 사람이 있을 줄이야.

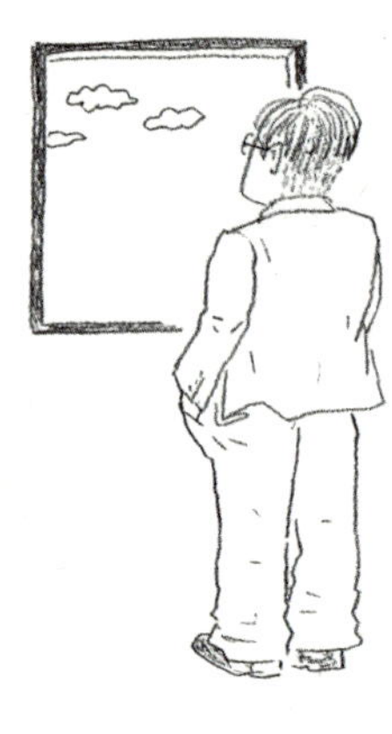

도호 부부와 셋째 딸 마사에 씨, 이 책을 펴낸 출판사 대표와 편집자가 모인 식사 자리에서의 한 장면. 아내 도모에 씨가 이런 말을 꺼냈다.

"남편 귀에는 귤 목소리가 들린대요."

그 말이 끝나자마자 갑작스레 그의 입에서 높고 카랑카랑한 목소리가 튀어나왔다. 입술을 꼭 붙이고 복화술사 흉내까지 내면서.

"도. 호. 씨. 고. 마. 워. 요."

"어머나, 뭐야. 왜 그래요 진짜."

아내와 딸이 황당해하자 원래 목소리로 내놓은 그의 답변이 걸작이었다.

"귤 목소리가 이래."

하하하하. 포복절도 넘어가는 좌중들. 하지만 도모에 씨만은 차분하게 한마디 짚어 주고 넘어간다.

"썰렁하거든, 여보?"

티격태격 재밌는 부부. 보기 좋은 부부다.

도호 마사노리는 '지금까지 해 온 방식', '다들 하는 방식'에 얽매이지 않고 귤의 목소리에 귀를 기울여 왔다. 그러면서 새로운 사실을 많이 알게 됐다.

'위로 솟는 가지를 너무 많이 쳐 내면 나무에 득 될 거 하나 없다. 당도가 떨어질 수도 있고 해거리를 할 수도 있다.'

'당도 높은 귤이 열리는 밭에는 돌멩이가 많다.'

'묘목을 꽁꽁 묶어 두면 비료를 주지 않아도 놀랄 만큼 잘 자란다.'

'여름순을 다 따 내도 열매의 크기가 커지지는 않는다. 오히려 따 내지 않는 편이 더 낫다.'

이런 단편적인 법칙들이었다. 그는 선입견 없이 귤을 바라봤고, 실험과 관찰을 되풀이하며 이런 대답들을 손에 넣었다. 하지만 도대체 어떤 이치로 그런 현상들이 일어나는지, 근본 원리에 대해서는 전혀 몰랐다. 그런 그에게 결코 잊을 수 없는 순간이 찾아왔다.

월간지 〈감귤〉(시즈오카현감귤농협연합회, 지금의 'JA시즈오카 경제련'이 펴내는 잡지)을 별 생각 없이 팔랑팔랑 넘기던 어느 날. 기쿠치 다쿠로라는 농학자가 기고한 기사를 읽다가 "오오오!" 소리가 절로 나왔다. 식물호르몬 시스템에 대한 기사였다. 기쿠치 다쿠로는 히로사키대학의 교수였는데 사과가 전문 분야라 기사 내용도 전부 사과에 관한 것이었다. 그런데 하나부터 열까지 귤에도 들어맞았다.

도호 마사노리는 흥분을 감추지 못했고, 정신 차려 보니 혼자서 소리까지 지르고 있었다.

"뭐라고 소리쳤는데요?"

"오!"나 "아하!" 정도를 예상했으나 그는 감탄도 돌직구였다.

"뭐긴 뭐야. 감동했으니 감동! 감동! 냅다 그렇게 소리 질렀지."

식물호르몬이란 식물 내부에서 합성되는 신호 물질로, 식물의 생장, 꽃의 발화, 열매의 생성과 성장을 아우른다. 산에서는 비료 주는 사람 하나 없어도, 봄이면 산벚나무 꽃망울이 부풀고 가을이면 으름 열매가 적갈색으로 익는다. 나무 스스로 식물호르몬을 만들어 생장을 훌륭하게 조절하기 때문이다.

식물호르몬은 순과 뿌리 끝에서 만들어져 줄기를 통해 필요한 곳으로 운반된다. 예를 들어 옥신이라는 식물호르몬은 새잎의 끝에서 만들어지는데 줄기를 타고 아래로 내려가 뿌리가 잘 자라도록 자극한다. 그러면 이번에는 뿌리 끝에서 지베렐린이라는 호르몬이 만들어진다. 마찬가지로 식물 위쪽으로 이동해 가지를 자라게 하고 잎을 무성하게 만든다. 그야말로 식물을 튼튼하게 생장시키는 선순환 구조라 할 수 있다.

가지 끝에서 만들어진 옥신이 아래쪽으로 이동할 때 지구 중력의 영향을 받는다. 가지가 수직으로 서 있으면 중력의 도움을 받아 짧은 시간에 많은 양의 옥신을 아래로 내려보낼 수 있다. 그런데 가지가 옆으로 눕거나 아래로 가면 옥신 흐름이 나빠져 뿌리에 도달하는 옥신의 양이 적어진다. 옥신이 부족하면 뿌리 생장이 더뎌지고 지베렐린 생성도 줄어들면서 연쇄적인 악순환에 빠지게 된다. 즉 위로 솟는 가지나 새싹을 막무가내로 치면 뿌리까지 영향이 미쳐 나무의 기력이 쇠한다. 그러면 볼품없고 당도 낮은 열매를 맺게 되는 것이다. 도호 마사노리가 강한 전정으로 해거리를 경험하고 초조해하던 때, 귤나무도 마찬가지로 초조했을 것이다. '그렇게 마구 자르면 옥신이 부족해진단 말이에요. 큰일이다, 큰일.' 아마 이런 심정이지 않았을까.

반대로, 자기 방식과 고집이 있던 요시다 농부는 귤 묘목의 가지를 꽁꽁 묶었다. 그러면 가지가 지면에서 거의 수직 상태가 된다. 잎 끝에서 만들어진 옥신이 중력의 도움을 받아 밑으로 쉽게 이동하므로 뿌리가 쑥쑥 자란다. 그러면 이번에는 뿌리 끝에서 만들어진 지베렐린 덕분에 가지가 쑥쑥 자란다. 비료 없이 그의 묘목이 무섭게 성장한 것은 식물 본연의 호르몬 시스템 덕분이었다.

그리고 또 하나. 비료 없이 키웠다는 부분에도 중요한 의미가 있다. 질소 비료를 쓰면 진딧물이 끼기 쉽고 이파리나 열매에 갈색 병반이 생기는 '궤양병'에 걸리기 쉽다. 시기에 맞춰 농약을 쳐서 병충해를 방제할 필요가 있다. 귤 농가는 오랜 세월 질소 비료

주요 식물호르몬과 그 움직임

와 농약을 한 묶음처럼 사용해 왔다. 만약 비료 없이도 좋은 귤을 수확할 수 있다면? 그 즉시 농약도 필요 없어진다는 이야기다! 작은 깨달음에 어느새 목소리가 커진다.

"무조건 묶어라! 묶으면 비료, 농약 없이 키울 수 있다! 그래서 그런 말을 하셨던 거군요!"

"그렇지. 바로 그거지!"

고당도 귤밭과 돌멩이의 상관관계도 식물호르몬으로 설명할 수 있다. 뿌리가 자라다가 돌에 부딪치면 에틸렌이라는 식물호르몬이 다량으로 생성된다. 에틸렌이 주로 하는 일은 병해충을 방어하고 열매를 숙성시키는 일이다. 그리고 보니 바나나도 초록으로 덜 익었을 때 수입해, 에틸렌 가스 저장고에서 후숙 과정을 거친다. 그래야 노랗게, 달달하게 익는다. 이렇듯 돌이 많은 귤밭에서 난 귤이 당도가 높은 까닭도 열매를 숙성시키는 식물호르몬 시스템 때문이다.

에틸렌은 기본적으로 접촉 자극으로 생성된다. 뿌리가 돌멩이에 부딪혔을 때뿐만 아니라 이파리가 강풍을 맞거나 사람의 발에 채이거나 했을 때도 만들어진다. 논을 예로 들어 보면, 태풍에 논 안쪽의 벼는 쓰러져도 제일 바깥쪽, 논두렁에 붙어 크는 벼는 끄떡없을 때가 많다. 가장자리의 벼는 평소에도 바람을 정면으로 맞으며 자랐다. 그 덕분에 체내에 에틸렌이 풍부해 태풍에도 괜찮을 수 있다. 백합을 키우는 비닐하우스에서도 통로 쪽 백합이 훨씬 더 건강하다. 사람이 통로를 지날 때마다 백합의 잎줄기를 건드려 더 많은 에틸렌이 생성되기 때문이다.

"비료는 많이 쳐야 효과가 있지만 식물호르몬은 달라. 미량이라도 그 효과가 대단하거든. 질소가 1마력이라면 지베렐린은 200마력 정도?"

생명체가 본디 지니고 있는 힘. 그 힘이 가장 강하다고 했다. 과학이 아무리 진보한대도 자연 본연의 힘에는 미치지 못한다. 그런 이야기를 듣다 보니 뭔가 자유로워진 듯 기분마저 개운하다.

11 지금까지 해 온 가지치기는 틀렸습니다

〈감귤〉을 통해 식물호르몬의 역할을 알게 된 뒤 그는 맹렬한 기세로 지식을 쌓아 나갔다. 식물호르몬에 대한 문헌을 닥치는 대로 읽었고 평일에는 담당 귤 농장에서, 주말이면 본가가 있는 도요섬에서 귤과 사투를 벌였다. 직장에서도, 집에서도 머릿속은 온통 귤로 가득했다. 둘째 딸 요시코 씨가 그 무렵의 일화를 들려줬다.

"옛날에 한 번, 아빠가 우리를 동물원에 데려간 적이 있어요. 그런데 동물은 뒷전이고 동물원에 있는 나무만 보고 다니는 거예요. 저 나무는 가지를 너무 많이 쳤다는 둥, 같은 나무인데 이건 왜 풍성하고 저건 왜 부실하냐는 둥, 맨 그런 것들만 이야기했던 기억이 나요."

하하하하. 딸들한테는야 괴짜 아빠였겠다 싶다.

그는 식물호르몬에 눈뜨기 전부터 자기 밭에서 실험을 반복했다. '솟는 가지는 쳐 내고 옆으로 벌어지는 가지는 남긴다.'는 것이 오랜 세월 귤밭의 상식이었다. 솟는 가지를 내버려두면 볕을 가리고 수형도 나빠진다. 높은 가지 끝에 귤이 달리면 열매를 따기가 힘이 든다. 그에 반해 옆으로 뻗는 가지는 수확하기도 좋고 당도 높은 귤로 맺히는 '직화*'도 더 많이 핀다고 다들 믿었다. 그러나 도호 마사노리는 그 상식을 깨부술 방법을 찾고 있었다. 앞에서 살펴봤듯, 강전정과 해거리를 실제로 경험하면서 시작된 모색이었다. 그 결과 도호 마사노리는 상식의 정반대로 걸어가는 가지치기에 가 닿았다.

'솟는 가지는 남긴다. 옆으로 뻗는 가지는 자른다.' 본인의 밭에서 실험을 거듭한 뒤 그것이 귤나무에 가장 좋은 가지치기라는 결과를 얻었다. 식물호르몬의 작용을 이해한 뒤 경험은 이론으로 뒷받침됐고, 확고한 것으로 자리매김했다.

위로 솟는 가지를 남겨 두면 나무 전체가 튼튼해진다. 나무가 튼튼하면 비료를 많이 줄 필요가 없고, 비료를 줄이면 병충해도 줄어든다. 자연히 농약 칠 일도 줄어든다. 수고도 비용도 전부 줄일 수 있다. 게다가 비료를 적게 줄수록 당도는 높아진다.

"이런 게 일석오조지!"

도호 마사노리는 마음을 굳혔다.

---

* 잎 없이 가지에서 바로 핀 꽃.

1990년 이른 봄. 전정 강습회 시기가 돌아왔다. 세토다초 농협으로 옮긴 뒤 첫 전정 강습회였다. 그는 모인 농부들 얼굴을 하나하나 둘러봤다. 그리고 입을 뗐다.

"지금까지 해 온 가지치기는 틀렸습니다."

사람들이 술렁댔다. 내용도 충격이었지만 그런 내용을 말로 꺼냈다는 것 자체에 더 놀랐다. 관행을 부정한다는 것은 선배의 면을 깎아내릴 수도, 조직을 교란시킬 수도 있는 행위다. 조직의 일원이라면 절대로 입에 담아서는 안 될 말이다.

그러나 그때 도호 마사노리는 비장하지도, 심각하지도 않았다. 오히려 여유만만 활짝 웃으며 강습회에 임했다. 이유는 단순했다. '정답은 귤이 알고, 좋은 귤을 길러서 농가의 수익을 올리는 게 제일 중요하다.'는 생각이 확고했기 때문이다.

　그해, 도호 마사노리가 시범 전정한 나무에 최고급 귤이 달렸다. 게다가 대풍이었다! 보통은 한 그루에 50킬로그램에서 60킬로그램 정도 달리는데 그 나무에서만 140킬로그램의 귤을 수확했다. 이듬해에는 120킬로그램, 그 이듬해에는 140킬로그램, 매해 연속으로 우수한 수확량을 기록했다. 해거리는 찾아볼 수 없었다. 잘 가라, 해거리여. 드디어 안녕.

　예전의 그는 시범 전정한 나무가 변변찮은 것을 가리기 위해 밭과 나무를 돌려 가며 전정 강습회를 열었다. 하지만 세토다초 농협 시절부터는 그럴 필요가 없었다. 매년 같은 밭, 같은 나무로 당당히 강습회에 임했다. 그의 혁명적인 가지치기는 지역 곳곳으로 퍼져 나갔다. '세토다 귤은 모양도 예쁘고 맛도 좋다.'는 평판도 퍼져 나갔다. 결국 세토다 귤은 도쿄 청과 도매시장에서 아이치현의 귤을 제치고 최고 낙찰가를 기록했다. 야호!

　지역 농가에 배포되는 〈농협 소식〉에서 원고 청탁도 들어왔다.

　"아무튼 꽤 신경 써서 썼어. '지금까지 해 온 가지치기는 틀렸다.'

고 쓰면 선배들하고 싸우자는 것 같잖아. 그럴 순 없었지. 하하
하.”

그는 〈농협 소식〉 원고에 '직화와 유엽화, 어느 쪽을 선택하겠습
니까?'라고 독자에게 질문하는 형식과 내용을 취했다. 귤나무 꽃
에는 가지에 바투 붙어 홀로 피는 '직화'와 이파리와 함께 피는 '유
엽화'가 있다. 직화는 옆으로 뻗는 가지에, 유엽화는 위로 솟는 가
지에 주로 피는데, 유엽화 자리에 껍질이 두껍고 우둘투둘한 열매
가 맺힌다는 게 그때까지의 정설이었다. 농협이 '솟는 가지는 안
좋다. 유엽화도 안 좋다. 옆으로 뻗는 가지에 피는 직화를 잘 키워
야 한다.'고 오랜 세월 장려해 온 것도 그 때문이었다.

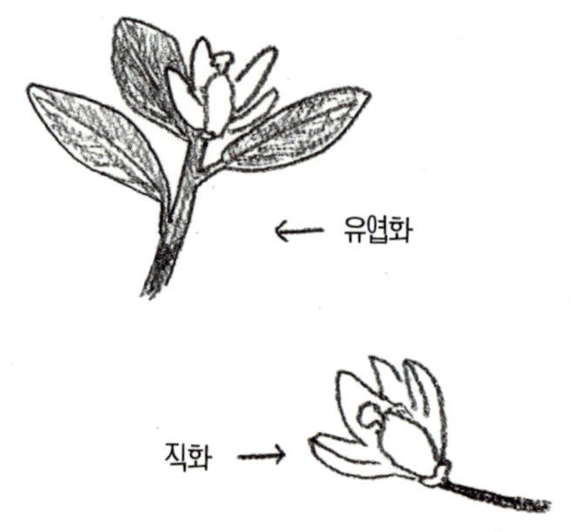

하지만 그는 가지치기 실험을 통해 새로운 사실을 알게 됐다. 솟는 가지를 강전정 한 뒤 짧게 남은 가지에 피는 유엽화가 우둘투둘한 열매가 되는 건 맞다. 그런데 솟는 가지를 충분히 남기고 전정을 마치자 결과가 달라졌다. 그 자리에 피는 유엽화에서 보기 좋고 맛있는 귤이 열렸기 때문이다.

건강한 가지에 피는 유엽화는 순식간에 폈다가 순식간에 진다. 도호 마사노리는 "그렇게 폈다 지는 게 귤나무에 좋다."고 했다. 직화는 꽃잎이 벌어지고 2주가량 끈질기게 가지에 매달려 있다. 꽃이 있으면 꿀 때문에 벌레가 오가기 마련인데, 아직 작은 열매가 벌레 다리에 찍혀 상처를 입기도 한다. 비가 계속되면 꽃잎에 곰팡이가 생겨 회색곰팡이병이 퍼지는 경우도 있다. 그러므로 직화에서 열매를 얻기 위해서는 해충과 병을 방제하는 두 종류의 농약이 필수다. 반면에 건강한 유엽화는 3일이면 꽃잎이 다 떨어져 농약 없이도 깨끗한 열매로 자란다.

그는 직화와 유엽화가 저마다 어떤 열매로 자라는지, 그 과정을 담은 사진을 기사에 실었다. 그리고 '당신은 어느 쪽을 선택하겠습니까?'라는 질문으로 문제를 제기했다. 기사는 물의를 일으켰다. 〈농협 소식〉을 읽은 JA히로시마과실련의 한 선배가 재빠르게 농협 본청에 투서를 넣었다. 도호 지도원은 농협 방침에 등을 돌렸다, 본청은 직원 관리를 어떻게 하느냐, 하는 내용이었다. 네,

네, 선배님. 세계 어디에나 있는 선배님. 사물의 본질은 보지 않고
자기 존재감 부각을 위해서만 목청을 높이는 선배님. '직원 관리
를 제대로 하느냐.'라니, 너무하시네요.

도호 마사노리는 본청에 불려 갔고, 무슨 생각으로 그런 기사를
쓴 거냐고 추궁당했다.

"그래서요? 시원하게 한마디 날려 줬겠죠?"

한바탕 소동을 기대했지만 그는 웃으며 고개를 가로저었다.

"바로 고개 숙였지. 아이고, 죄송합니다. 제가 공부가 부족해서
잘 몰랐습니다."

"네에? 도호 씨가 사과할 일이 아니잖아요."

"그렇지? 그런데 여기가 엄청 재밌는 지점이야. 다들 모르고 있
지만 진실은 하나일 수밖에 없거든. 갈릴레오가 '그래도 지구는

의심은 발명의 아버지이다.
-갈릴레오 갈릴레이

돈다.'고 했던 거, 그 비슷한 이야기랄까."

"갈릴레오……."

17세기의 천문학자 갈릴레오 갈릴레이는 지동설을 주장했다는 이유로 종교재판에 회부됐다. 유죄 판결을 받고 지동설을 포기해야 했을 때 "그래도 지구는 돈다."고 중얼거렸다는 갈릴레오.

도호 마사노리도 비슷한 심경이었을 것이다. 주저 없이 자신이 틀렸다고 바보인 체했지만 속으로는 진실에 대한 확신이 있었기에 대수롭지 않았다. 본청에 불려 다닌 일도 억울해하지 않았다. 그저 재밌는 일화로 받아들였다. 내 생각보다 한 수 위, 어쩌면 두 수 위의 사람일 수도.

"내 뒤에는 농부들이 있어. 기뻐하는 얼굴이 얼마나 많다고. 그게 최고 아니겠어?"

13 본격적인 좌천

세토다초 농협의 귤 수확량이 늘었다. 당도도 높아졌다. 도매시장에서 일본 최고가까지 찍었다. '솟는 가지는 치지 않는다. 유엽화가 중요하다. 묘목 가지는 하늘을 보도록 꽉 묶는다.' 지금까지 없던 재배법, 도호식 수직 재배 기술 덕분이었다. 하지만 그를 기다린 건 또 한 번의 좌천이었다. '잘못된 기술을 지도했다.'는 것이 당초 농협이 내건 이유였다. 영농 기술 지도원으로서는 가장 무거운 죄를 좌천의 명목으로 내세웠다. 그러나 간부들이 실시한 현장 조사에서 "해마다 좋은 귤이 달리게 됐으니 도호 지도원의 지도는 틀리지 않았다."는 의견이 터져 나왔다. 농협은 좌천 사유를 변경했다. '조직을 어지럽힌 죄'였다. 어이가 없어 분통이 터졌지만 그는 담담히 말을 이어 나갔다.

"자기 통제 하에 들어오지 않는 자는 거추장스럽다는 거겠지. 다른 의견을 말해 주는 사람. 진짜 소중한 사람은 그런 사람인데도."

이동을 명받은 부서는 총무부 홍보과였다. '현장에 나가지 말

것, 농가와 접촉하지 말 것.' 이런 뜻을 내포한, 본격적인 좌천이었다.

도호 마사노리의 편에 서 준 사람은 없었을까? 젊은 그를 이끌어 주던 이케다 선배가 가장 먼저 떠오른다. 솟는 가지는 다 잘라 내야 한다고 믿던 시절, 3년에 걸쳐 가지치기하는 방법을 고안해 낸 사람이다. 게다가 요시다 농부가 묘목 가지를 하나로 꽉 묶어 대성공을 거둔 현장에서도 함께한 인물이다. 그 역시 조직에서 독불장군 같은 존재였으니 도호 씨의 방식을 옹호해 주지 않았을까 기대했으나…….

"흠, 이케다 선배 말이지……."

이케다 선배의 후일담을 듣고 뒷맛이 몹시 씁쓸했다. 노미시마 농협 시절, 멋진 선배로 빛을 발하던 그는 몇 년 후 영농 지도원들을 관리하는 직책으로 출세했다. 그러면서 현장에 나오는 빈도가 줄어들었고 영농 지도 영향력도 쪼그라들었다.

"자기 밭에서 농사를 짓던 사람도 아니었으니, 농사에 대한 감 같은 게 점점 둔해진 게 아닐까 싶어."

이케다 씨는 어쩌다가 현장에 나가면 이건 이렇게 해라, 저건 저렇게 해라, 사사건건 참견하는 사람이 됐다. 비료 치는 일 하나를 가지고도 이런저런 비료를 섞어서 쓰라는 둥, 비료 분량을 정확히

계량하라는 둥, 이 날짜를 넘기면 절대 안 된다는 둥, 까다롭게 굴었다. "그 말 다 지키다가는 진도도 안 나가고 너무 번거롭다."는 말이 나올 정도였다. 처음에는 농가도, 현장 지도원들도 착실히 그의 말을 따랐다. 하지만 점차 그를 대하는 사람들의 낯빛이 어두워졌다.

"이케다 씨. 이런 말 실례인 줄 압니다만, 그렇게까지 할 필요가 있을까요?"

다들 생각은 비슷했지만, 귤 농사의 달인으로 이름난 그에게 그런 말을 하는 이는 아무도 없었다.

그래서 어떻게 됐을까? '이케다 씨의 영농 지도를 꼭 다 지킬 필요는 없다.'는 분위기가 지역에 두루 퍼지기 시작했다. 그가 지시하면 다들 고개를 끄덕이며 듣는 시늉을 했다. 그러나 그가 현장을 떠나면 상황이 달라졌다. 담당 지도원이 그 자리에 있던 모든 농가에 전화를 돌려 상황을 정리했다. "오늘 이케다 씨의 영농 지도 말인데요, 거기서 이 부분하고 저 부분은 생략합시다."

몇 달 후, 현장 시찰 차 방문한 그가 "내 지시를 모두 따랐냐?"고 물으면 다들 입을 모아 "그렇게 했다."고 거짓말을 했다. 이케다 씨의 머릿속에는 '역시 내 방법이 옳다.'는 잘못된 데이터가 축적됐고, 그의 영농 지도는 점점 엉뚱한 곳으로 빗나갔다.

"그렇게 됐어. 벌거벗은 임금님이 된 거지."

그의 목소리에 안타까움이 묻어났다.

"왜 아무도 그의 말에 반론을 제기하지 못했을까요?"

"하우스 귤의 온도 관리나 그런 데서는 이케다 씨가 아는 게 많았어. 농가도 그렇고, 지도원도 그렇고, 하우스 귤에 이상이 생기면 그에게 도움을 청했지. 심기를 건드려 밉보였다가는 큰일 난다는 분위기가 은연중에 있었던 게 아닐까 싶어."

"의사에게 밉보이면 손해니까 먹지도 않은 약을 먹었다고 속이는 환자하고 비슷하겠네요."

"그런 셈이지."

이케다 씨는 귤의 목소리를 듣는 능력을 점차 잃어 갔다. 가지치기에 신중했던 모습은 어느 순간 사라졌고, 솟는 가지를 거침없이 쳐 내는 관행을 권장하기 시작했다.

시사하는 바가 많은 일화였다. 그럴 것 같지 않던 사람도 어느 순간 방향을 잘못 짚는다. 허술한 자만심이 작은 계기가 되고 "그건 틀렸다."고 말하지 못하는 주변 사람들로 인해 실책이 쌓인다. 어쩌면 인류의 어두운 역사도 이렇게 흘러간 게 아닐까.

"그래도 지금의 내가 있을 수 있는 건 이케다 선배 덕분이라고 생각해."

젊은 날, 진실을 보는 눈을 뜨게 해 준 은혜는 잊을 수 없다고 했다. 이케다 씨도 그런 면에서는 여전했다. 정년퇴직을 한 지금까지도 "도호는 대단한 놈!"이라며 주변에 추커세운다니 말이다.

1993년, 본격적인 좌천 이후로도 귤 농사에 몰두하는 건 여전했다. 양친이 돌아가시며 본가의 밭을 물려받았기 때문이다. 평일에는 JA히로시마과실련에 출근해 사무를 보고 주말이면 여객선을 두 번 갈아타며 고향 섬을 오가는 생활을 이어 갔다.

"밭일을 할 시간이 주말밖에 없었어. 그 상황이 '일은 최대한 줄이면서 좋은 귤로 키우는 방법'을 추구하게 만들었지."

그는 대수롭지 않게 말했지만 실은 엄청난 말이다. '수고와 시간에 대한 신앙'에 푹 빠져 있는 사람이라면 절대 그런 생각을 하지 못한다. '수고를 들이지 않는다=애정을 쏟지 않는다'로 생각하기 때문에 일을 줄여서는 좋은 작물을 생산할 수 없다고 결론 내기 십상이다.

"농사가 쉬워지면 시원찮은 귤이 된다고 누가 정했나 몰라? 그런 생각이야말로 증거라고 봐. 관념과 상식에 묶여 있다는 증거."

묶여 있지 말고 묶어라.

귤의 목소리를 들어라.

귤은 인간의 수고를 바라지 않는다. 비료가 기쁘지도 않다. 식물 본연의 힘, 뿌리와 잎이 지닌 그 힘을 맘껏 발휘하고 싶어 근질근질하지 않을까?

도호 마사노리는 상식을 깨부수는 여러 농법을 시험했다. 문명의 이기도 적극 도입했다. 귤밭에 자동 농약 살포기(SS기, 스피드 스프레이어)가 오갈 길을 냈고, 체인 톱으로 가지를 치기도 했다. 제초제 없이도 풀을 잡을 수 있도록, 벼과의 들묵새로 땅바닥을 덮는 방법을 고안해 일본 전역에 퍼트리기도 했다. 레몬은 가지를 꽉 묶기만 해도 나무가 자라는 속도가 세 배나 빨랐다. 비료와 농약을 거의 쓸 필요가 없어지자 1,000제곱미터(약 300평) 당 8만 엔이나 경비가 줄었다. 몸은 편해졌는데 돈은 더 잘 벌렸다. 몸소 체험하다 보니 농사가 점점 더 재밌어졌다.

그런 생활을 네 해쯤 이어 가던 어느 날, 잡지를 보다가 '나가타 농법'에 대해 알게 됐다. '물과 비료를 최소로 줄여 당도를 올린다.', '원산지의 풍토와 가장 가까운 조건에서 키운다.'는 대목이 매력으로 다가왔다.

"나가타 농법으로 농사짓는 사람을 반드시 만나 봐야겠다, 그런 생각이 들었지."

해야겠다 마음먹으면 무조건 직진. 곧바로 나가타 농법을 주관하는 회사 '료쿠켄'에 연락했다. 나가타 지로 사장이 전화를 받았다. 나가타 농법의 창시자, 나가타 데루키치의 아들이었다.

"히로시마현에서 나가타 농법으로 농사짓는 데가 있습니까?"

"없습니다."

"아이치현은요?"

"없어요."

료쿠켄은 시즈오카현 하마마쓰시에 본사가 있고, 규슈 지역 농가에 거점을 두고 과수 재배를 총괄하는 회사다. 이런저런 대화를 나누는 동안 나가타 사장도 흥미가 생긴 건지, 아이치에 볼 일이 있어 온 김에 도호 마사노리의 밭까지 찾아왔다. 도호 마사노리는

밭을 안내하며 나가타 사장에게 많은 이야기를 했다. 지금까지 발견한 것, 깨달은 것, 독자적으로 궁리한 것에 대해 열정적으로 설명했다. 마침 9월 말이었던지라 가지에 달려 있던 귤을 따서 들려 보냈다. 며칠 후 나가타 사장에게 전화가 걸려 왔다.

"그날 사실 도호 씨가 하는 말을 이해하긴 어려웠습니다. 그런데 주신 귤을 분석해 보니 9월 말인데도 당도가 무려 12.8! 도호 씨 농법이 대단하다는 걸, 그때 알게 된 거죠."

결국 대답은 늘 귤이 내린다. 1997년 그해는, 줄기차게 이어진 비로 전국 어디든 귤이 당도가 낮았다. 귤값도 폭락했다. 그런데도 도호 마사노리의 귤은 12.8이라는 당도를 기록했다. 료쿠켄의 계약재배 농가 중 최고 당도를 기록한 귤보다 훨씬 높은 수치였다.

나가타 사장이 제안을 해 왔다. '손이 비는 주말만이라도 좋으니 료쿠켄과 계약재배 중인 만감류 농장에서 영농 지도를 해 달라.'는 부탁이었다. 마침 주택 대출금 상환, 자녀들의 교육비에 쫓기던 시기였다. 흔쾌히 제안을 수락했다.

"일당이 3만 엔! 영농 지도 한 번이 3일 과정이었으니 한 달에 세 번만 지도를 맡아도 27만 엔! 나로선 '아이고 감사합니다.'였지. 본가 밭일이 뒷전으로 밀리는 바람에, 밭이 좀 엉망이 되긴 했지만. 하하하."

평일에는 JA히로시마과실련 홍보부에서 일하고 주말에는 료쿠켄의 영농 지도와 본가의 밭일을 겸하느라 정신없이 바빴다. 그러나 역시 현장이 좋았다. 거기다 농협에서는 봉인됐던 도호 농법 가지치기를 마음껏 전할 수도 있었다. 그에게 그 이상 기쁜 일이 또 있을까.

도호 마사노리의 이야기를 들으며 그런 상상도 했다. 만약 갈릴레오가 대학에서 지동설을 가르칠 수 있었다면? 엄청난 충족감에 얼마나 행복했을까, 하고 말이다.

15 과일이든 채소든 원리는 같다

2005년 4월, JA히로시마과실련에 인사이동이 있었다. 도호 마사노리는 판매과 과장으로 발령났다. 백화점과 슈퍼마켓에 귤 주스를 납품하는 일이 주된 업무였다. 비록 현장에서 멀어졌으나, 홍보과에서는 생산자를 취재할 기회도 있었고, 농사 현장과의 접점이 아예 없는 부서는 아니었다. 하지만 주스를 파는 부서는 다르다. 농업 기술이고 뭐고 아무 소용이 없다. 어떤 일이든 나름의 보람과 재미는 있겠으나, 명백히 그 일은 도호 마사노리가 할 일은 아니었다.

그 무렵, 주말마다 오가던 료쿠켄에서 여러 차례 제안을 받았다. 자기네 회사로 와 달라는 정식 입사 요청이었다. 사랑하는 아내 도모짱의 의견도 비슷했다.

"당신의 기술을 발휘할 수 있다면 료쿠켄이 낫지 않을까? 당신은 잘할 거야. 응원할게."

결국 도호 마사노리는 JA히로시마과실련을 그만뒀다. 나이 쉰둘이 되던 해였다. 28년 동안의 실험과 발견, 타고난 반골 기질로

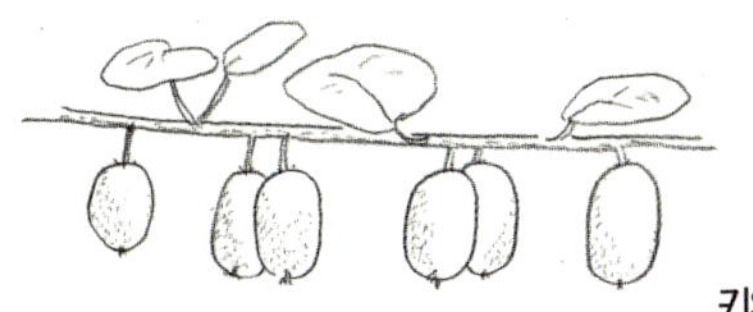

키위 열매

떠들썩했던 직장 생활은 끝이 났고, 다양한 가능성에 활력 넘치는 인생 후반전이 시작됐다.

먼저 말해 두자면, 나가타 농법과 도호 마사노리의 농법은 이래저래 어긋났다. 평화로운 양립은 불가능했다. 나가타 농법에서는 액체로 된 화학비료를 썼는데, 그 점에 가장 저항감이 컸다. 그의 눈에는 농도 장해(비료를 많이 써 생육이 나빠지거나 잎이 마르는 현상) 문제가 심각했으나 회사는 그 의견을 받아들이지 않았다. 농협에는 농협의 방식이 있고 료쿠켄에는 료쿠켄의 철학이 있다. 조직이 결정한 원칙을 개인이 뒤집기는 어렵다. 어느 시대든, 어떤 조직이든 마찬가지다.

"그래도 료쿠켄에 간 건 너무 좋은 경험이었어. 만감류만 해 왔던 내 세계가 순식간에 넓어진 거니까."

료쿠켄은 다양한 작물을 다루는 회사였다. 거기서의 경험 하나하나가 도호 방식을 강화시켜 나가는 데 도움이 됐다. 그가 처음 맡은 작물은 감과 매실이었다. 가지에 열매가 맺히는 것이라 귤나무와 성질이 비슷하다고 봤다. 가지치기와 묘목 관리를 귤나무에 하듯이 했고, 결과도 좋았다. 다음으로는 포도, 키위, 수박을 담당했다. 가지보다는 덩굴손의 생장이 중요한 작물들로, 말하자면 기본 영역을 벗어난 응용문제였다. 이런 경우는 위에서 내려다봤을 때 이상적인 형태가 되도록 가지를 치면 된다는 사실을 알게 됐다. 그리고 드디어 채소라는 새로운 과제가 그 앞에 주어졌다.

어느 날, 회사에서 긴급한 연락을 받았다. 파프리카 농장주가 불같이 화를 내고 있다는 전화였다. 들어 보니 심각했다. 젊은 후배 직원이 그 농가를 담당했는데, '하라는 대로 했더니 모종이 시들시들 죽어 간다.'는 내용이었다. 대신 가 달라는 사장의 부탁에 뒷수습을 하러 나설 수밖에 없었다.

비닐하우스 속 파프리카는 기운 없이 말라 가고 있었다. 상부에 철사를 걸고 거기서 늘어뜨린 끈에 모종 줄기를 묶어 최대한 펼쳐 둔 형국이었는데 아무래도 그게 문제이지 싶었다. 그런데 그는 파프리카를 키워 본 경험이 전혀 없었다. "이거, 어떻게 책임질 건데?" 농장주가 따지고 들었다. 그는 우선 후배의 실패를 사과하고 머리부터 숙였다.

"정말 죄송합니다!"

그리고 고개를 든 뒤 농장주에게 말했다.

"시간을 좀 주시겠습니까?"

"뭐요?"

이제 와서 무슨 소용이냐는 얼굴이었다. 불신 가득한 시선을 등 뒤로 느끼며, 철사와 끈을 조금씩 움직여 시들시들한 파프리카 가지가 수직으로 설 수 있게 바꿨다. 당시의 심경은 어땠을까?

"그야 뭐, 벌벌 떨었지. 잘 될지 어떨지 전혀 모르겠더라고. 사실, 파프리카 모종도 그때 처음 만져 봤거든."

하하하. 대단한 연기력이다. 그는 일부러 더 당당하게 행동했다고 했다. 밭작물 재배의 달인 같은 표정으로 '흠흠……' 연신 고개를 끄덕이며, 2주 뒤에 다시 오겠다는 말을 남기고 일단은 돌아갔다.

2주 뒤, 과연 어떻게 됐을까? 파프리카는 쌩쌩하게 살아나 있었다!

"됐다! 성공이다! 수직이 맞았어! 파프리카도 수직으로 세우면 튼튼해지는 게 맞았어!"

그렇게 소리라도 치고 싶었으나 달인의 얼굴을 유지해야 하니 꾹 참았다. 그리고 차분한 어조로 말했다.

"흠흠. 이제 괜찮겠네요."

이후, 도호 마사노리의 재배 방식은 과일, 채소, 곡물에 이르기까지 다양한 작물에 응용됐다. 강연에서 "과일과 채소를 같은 방식으로 재배해도 괜찮냐?"는 질문이 나왔을 때 그가 곧바로 내놓았던 대답이 떠오른다.

"개든 고양이든 배를 보이게 뒤집어 놓고 젖을 살살 만져 주면 어떻게 됩니까? 낑낑대며 좋아하죠? 동물은 다 똑같습니다. 마찬가지로 과일나무든, 푸성귀든 건강해지는 원리는 똑같습니다. 전혀 차이가 없어요."

식물 전체를 꿰뚫는 그의 이론은 료쿠켄 시절에 완성됐다.

농협과 료쿠켄을 거쳤으나 조직의 방식에 함몰되지 않고 자신의 농법을 확립시킨 자. 농업계의 이단아, 도호 마사노리의 존재가 세상에 알려지기 시작했다.

2000년대 중반 이후, 몇몇 민간 기업에서 '자문 노릇을 맡아 달라.'는 의뢰가 날아들었다. 과일 가공식품 제조(주식회사 다라미), 자연 재배 채소 판매(주식회사 내추럴 하모니), 유기비료 생산(다이세이 농재 주식회사)처럼 업종은 달랐으나 도호 마사노리가 제창한 농법에 수백만 엔의 자문료를 지급할 가치가 있다고 판단한 것이다.

"대단하네요. 수백만 엔 단위로 계약해 주는 회사가 몇 개나 있다니요."

"내 농법이 천하를 거머쥘 날도 머지않았다고 생각했지. 하하하."

"오, 천하를 거머쥐기까지!"

"하지만 인생이라는 게, 뜻대로 안 되기 마련이라. 하하"

자문 계약은 기간제로 한다. 기간 만료가 다가오면 재계약 여부를 검토하는 과정을 거친다. 재해로 피해를 입었다거나, 회사 사정이 나빠졌다거나, 사장이 바뀌었다거나, 경영 쇄신이 필요하다고 판단했을 때, 제일 먼저 잘려 나가는 게 자문 계약이다. 거액의 자문료로 흐뭇해하던 것도 잠시, 몇 년 지나지 않아 잇달아 계약 갱신이 중단되면서 불안한 처지가 되고 말았다.

"작가님도 그렇잖아. 프리랜서라는 게……."

"아아……. (깊은 공감)"

"덕분에 열심히 강연을 돌게 됐지."

자문료가 사라지자 평온한 현실에 안주하던 삶이 불가능해졌다. 도호 마사노리는 강연회가 열리는 전국 각지로 강사료를 벌러 다녔다. '도호 농법에 대해 듣고 싶다.', '가지치기하는 걸 보고 싶다.'는 요청이 오면 어디든 날아갔다. 별별 사람, 별별 작물을 다 만났다. 이론으로 무장한 농사의 달인이 있는가 하면, 이제 막 농사에 뛰어들어 앞뒤 분간 못 하는 젊은 농부도 있었다. 깐깐한 자연 재배 지상주의자 바로 옆에 농약 비료 신봉자가 앉아 있기도 했다. 그는 지금까지 경험한 것, 알게 된 것을 어떻게 해야 불특정 다수에게 효과적으로 전달할 수 있을지, 시행착오를 거듭하며 연구해 나갔다.

"매번 내용이 같아서는 안 돼. 한 번 왔던 사람은 다시 안 올 테니까. 그러니 나도 발전해야 했고, 필사적으로 공부하게 됐어. 자문료가 사라진 덕분에 성실한 사람이 된 거야. 하하하."

그렇게 지금, 도호 마사노리는 세계 곳곳에서 불러 주는 사람이 됐다.

2 각자의 농사, 각자의 도전

도호 농법의 실천자들

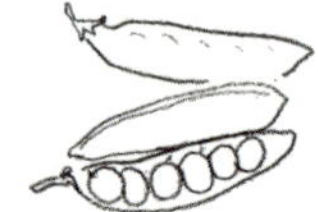

도호 마사노리를 오래 취재하다 보니 농사가 뭔지 제법 알 것 같기도 했다. 정신을 차려 보니 "모종은 묶는 게 핵심이죠."라며, 내 이론이라도 되는 양 남들에게 자신만만 떠들어 대기까지 했다. 그러나 실제로 해 봤냐고 파고들면 말문이 막혔다. 나는 농사를 지어 본 적이 없었다.

이 책을 만든 출판사에서는 편집실 베란다에 화분을 두고 토마토 재배에 도전했다. 담당 편집자가 도호식 순지르기와 모종 묶기를 의욕적으로 실천했으나 물 주는 걸 몇 번 놓치는 바람에 말라 죽고 말았다. 오호, 통재라.

도호 농법을 실천하는 농부들을 만나 보자, 제대로 된 이야기를 나눠 보자, 하는 생각이 들었다. 그를 의심하는 건 아니지만, 들은 이야기를 그대로 옮기고 그걸로 끝. 그럴 수는 없었다. 여행을 조금 더 계속해 보기로 했다.

게르에 살며 사과 농사를 짓는

하야시 다카시

나가노 역에서 도가쿠시 방면으로 가는 버스는 스키를 타러 온 사람들로 북적였다. 젊은이들 사이로, 눈에 탄 까만 얼굴에 비니를 쓴 중년의 스키광도 섞여 있다. 과연, 일본을 대표하는 스키장이구나 싶다.

버스는 설산의 오르막을 한참 올라, 약속한 정류장에 멈춰 선다. 내리자마자 크게 심호흡부터. 폐 구석구석, 차가운 공기를 들이마신다. 멀리서 빨간 자동차가 다가온다.

"안녕하세요. 먼 길 오셨네요. 하야시입니다!"

눈길 걷기가 힘들 거라며 하야시 다카시 씨가 어린 아들과 함께 마중을 나와 주었다. 고맙다는 인사를 전하고 차에 올라탄다. 뭔가 매캐하면서도 구수한, 좋은 냄새가 난다. 모닥불 냄새다.

"덴쿠야, 가나이 씨한테 우리 집 설명 좀 해 줄래?"

아빠가 뒷좌석에 앉은 다섯 살 큰아들에게 화젯거리를 건넨다.

"어, 그러니까 우리 집은…… 게임 금지예요. 엄마가 화내니까."

하하하하. 그렇구나.

"아니, 그런 이야기 말고, 우리 집, 텐트잖아. 그런 이야기 좀 해 드려."

아빠가 난감하게 웃으며 다시 한 번 화젯거리를 정리해 준다. 텐트라니, 뭘까? 텐쿠의 설명을 기다려 보지만 게임 금지 이야기에서 좀처럼 넘어가지 못한다. 그러는 사이 어느새 집에 도착. 그런데 설마 저건?

"이게 저희 집입니다."

게르다! 몽골 천막 게르! 하야시 가족은 설산에 게르 두 동을 짓고 거기서 살고 있었다. 진짜 몽골 게르를 친구에게 양도받은 거라고 했다. 대…… 대단하다!

몽골에서는 방사형 들보 위에 양털로 만든 펠트를 씌우지만 일본은 습도가 높아 펠트에 곰팡이가 슬어 버린다. 그래서 하야시 가족은 펠트 대신 건축용 시트를 덮고 그 위에 방수용 투명 커버를 씌워서 쓴다. 맑은 날이면 온실효과로 게르 자체가 훈훈한 모양인지 고양이가 게르 위에서 해바라기를 하고 있다. 하야시 씨가 게르 옆을 가리킨다.

"저쪽이 화장실이고요."

삼각뿔 모양의 구조물이다. 역시 비닐로 덮여 있다.

"저희 집은 전력회사랑 수도국에 돈을 내지 않아요. 광케이블을 계약해서 인터넷만 쓰고 있죠."

게르 안에는 장작 난로가 타고 있고, 그 옆으로 빨래가 널려 있다. 그랬구나. 그래서 차에서 모닥불 냄새가 났던 거였다. 우와,

흥미로운 삶이다.

게르 내부를 한바탕 둘러본 뒤, 좌탁에 공책을 펼친다. 하야시 씨의 이야기를 들어 보기로 한다.

뭐든 해 보자 파

하야시 씨는 사이타마현 소카시에서 태어났다. 어릴 때는 야구밖에 모르는 '야구 바보'였다. 공업고등학교를 졸업한 뒤, 모터사이클 레이서가 되고자 꿈을 좇았다. 심야 토목 현장에서 돈을 모아 호주로 건너갔다. 레이싱 스쿨에서 훈련하기 위해서였다.

"레이스 세계에서 두각을 드러내는 녀석들은 운동신경 자체가 달라요. 게다가 어딘가 좀 미친 녀석들이죠. 코너에 진입할 때, 보통은 아슬아슬한 지점까지 견딥니다. '더 이상은 위험하다.' 하는 지점에서 브레이크를 거는 거죠. 그런데 어딘가 좀 미친 녀석들은 내가 위험하다고 생각하는 그 지점에서 속도를 더 올려요. 그 녀석들을 이길 수는 없겠다 생각했죠."

죽을 힘을 다해 따라잡으려 했으나 전복 사고로 몇 차례 골절을 반복했다. 그러다 결국은 레이서의 길을 포기했다. 그 뒤 배관공, 다단계 판매, 휴대폰 판매, 미장공, 보험 대리점 직원, 마케팅 전문가, 웹디자이너처럼 다양한 직업을 거쳤다. 어떤 직업이든 상관없이, 과거의 직업을 설명하는 그의 얼굴은 즐거워 보였다.

"다단계는 어쩌다가……?"

"돈이 된다고 해서 어쩌다 보니 발을 들이게 됐죠. 1년쯤 무진장 열심히 했어요. 다단계 판매는 돈을 벌 수 없다, 마음을 너덜너덜하게 만든다, 이게 제가 내린 결론입니다."

쓴웃음을 짓기는 했지만 이 대목에서도 역시 어딘가 즐거워 보인다. 말하자면 그는 '그게 뭐든 일단은 해 보자 파'다.

2008년, 그의 인생에 새로운 전기가 찾아왔다. 그 무렵 하야시 씨는 구성기학에 빠져 있었다. 생년월일에서 '좋은 방위'를 산출해 그쪽으로 나아가면 운기가 좋아진다는 학설인데, 마흔을 넘긴 어느 날, '북서쪽'에 가면 운기가 트인다는 생각에 무작정 나가노로 떠났다. 젠코지* 불전에 삼배를 올리고 내처 도가쿠시 신사**까지 가다가…….

"아! 여기 살고 싶다. 꽂혀 버린 거죠."

마음이 동하면 곧바로 실행! 하야시 씨는 도가쿠시로 이주했다. 처음에는 게르가 아니라 산속에 있는 시골집을 빌렸다. 웹 디자인도 하고 미장일도 했다. 거쳐 왔던 직업 덕분에 생활고를 면했다.

그리고 또 한 번의 운명적인 만남. 이것도 방위학의 이끌림이었

---

* 일본의 3대 사찰 중 하나로, 1,400년 역사를 자랑하는 절이다. 나가노시에 있다.

** 역사가 2,000년에 이른다는 아름다운 신사로, 나가노현을 대표하는 관광지다.

을까? 도쿄에서 나가노현으로 이주해, 시내에서 근무하던 미쓰에 씨와 만나게 된다. 결혼 후 곧바로 아이가 생겼고, 그의 활기찬 인생에 이번에는 갑작스레 농사가 등장했다.

"근처 사과밭 주인이 갑자기 병으로 쓰러지는 바람에……."

누군가 농사지을 사람이 있다면 밭을 넘기고 싶다는 이야기였다. 뒤를 이을 사람을 구하지 못하면 얼추 100그루쯤 되는 사과나무가 전부 잘려 나갈 운명이었다. 아내 미쓰에 씨에게 의견을 물었다. "재밌을 것 같은데?"라는 게 대답이었다.

"그래서 제가 하겠다고 손을 들고 나선 거죠."

마침 국가 차원의 귀농 지원 제도가 시작되던 시기이기도 했다. 새로 농사를 시작한 사람에게 연간 최대 150만 엔의 지원금을 5년 동안 지급하는 제도다. 후임자 부족으로 애를 먹던 지역 사람들도 하야시 씨의 귀농을 환영했다. 다들 물심양면 돕겠다고 했다. 그렇다고는 해도, 재밌을 것 같다며 단번에 찬성해 준 미쓰에 씨도 참 대단하다. '뭐든 해 보자 파'인 그의 즉각적인 결심이야 그럴 수 있겠다 쳐도 말이다. 부부는 아이가 태어난 뒤 땅을 사들여 게르 생활을 시작했다. 그때도 아내 미쓰에 씨는 재밌을 것 같다며 전기와 수도가 없는 생활에 곧바로 적응했다.

"대단하시네요."

존경의 눈빛을 보내자 미쓰에 씨 얼굴에 수줍은 미소가 번진다.

"어릴 때 〈초원의 집〉을 엄청 좋아했어요. 설마 내가 그런 생활을 할 줄이야 생각조차 못 했지만요."

게르 한쪽에 후쿠인칸쇼텐에서 출판한 〈초원의 집〉 시리즈가 보인다. 그러고 보니 갈래머리를 땋고 웃고 있는 모습이 〈초원의 집〉 로라 같다.

무농약 도전은 미친 짓일까

하야시 다카시 씨는 44세에 농부가 됐다.

"그런데 생각해 보니 제가 사과를 싫어하더라고요."

"네? 하하하."

뜻밖의 발언에 뒤로 넘어갈 뻔했다. 사이타마에 살 때는 부석부석한 사과밖에 못 먹어 봤다, 나가노로 들어와서야 처음으로 사과 맛을 알게 됐다는 이야기다.

"사과에 품종이 있는지도 몰랐어요. 다 그냥 '사과'라는 종류겠거니, 그렇게 생각했죠."

하하하. 그런 사람이 사과 농사를 짓는 농부가 되다니 재밌는 전개다. 참고로, 하야시 씨네 농장에서는 후지*와 시나노 스위트**

---

* 전 세계에서 가장 사랑받는 사과 품종의 하나. 아오모리현 후지사키마치에서 탄생했다.

** 겨울 사과 후지와 여름 사과 쓰가루(아오리)를 교배해 만든 품종이다.

품종을 재배하고 있다.

수습 기간 없이 곧바로 사과밭 일을 시작했다. 동네에서 사과 농사로는 제일이라는 '스승님'이 하나하나 자상하게 가르쳐 줬다.

"첫해에는 내가 지금 하는 일이 어떤 작업인지도 전혀 몰랐습니다. 그저 스승님이 하라면 하라는 대로 했죠. 그런데 고맙게도 결과는 좋았습니다. 맛있는 사과가 열리는 토질 덕분이었죠."

첫해부터 맛도, 수확량도 아주 좋았다. 농협에도 출하했고, 친구들이 직거래로 사 주기도 했다. 혼자서 100그루를 보살피는 게 생각보다 힘들었다. 웹 디자이너 겸업은 도저히 불가능했다. 다행히, 사과 농사 하나에만 집중해도 가족이 먹고살 만한 수입은 얻을 수 있겠다는 계산이 섰다.

첫해 농사가 끝나 갈 무렵, 스승님께 말씀드렸다.

"무농약으로 해 보고 싶어요."

스승님은 한마디로 대답을 대신했다.

"미쳤냐, 너?"

사과 업계에는 기무라 아키노리라는 놀라운 인물이 있다. 모두가 불가능하다고 했던 무농약·무비료 사과 농사를 아오모리에서 성공시킨 전설적인 인물이다. 2000년대 초반, 무농약 사과를 둘러싸고 악전고투하는 그의 삶이 방송에서 여러 번 다뤄졌다. 그가 쓴 책《기적의 사과》는 베스트셀러가 되어 영화와 연극으로도 만들어졌다. 하야시 씨도 《기적의 사과》를 읽었다. 자신이 사과 농사를 짓게 될 줄 전혀 몰랐던 때, 그 책을 읽고 감명을 받았다. 사과 농부가 되었으니 '나도 해 봐야겠다!'는 마음이 들었다. 하지만 스승님도, 주변 농부들도, 반응은 냉담했다.

"사실, 요 근처 사람들은 새로운 정보에 대해 잘 몰라요. 작년인가? 동네 사람이 그러더라고요. '세상에, 아오모리에 무농약으로 사과를 키우는 사람이 있대.' 도대체 몇 년이나 뒤처져 있는 걸까 싶은 게……. 여기 사람들은 다들 농협의 지도만 따릅니다. 그 외의 정보와는 접점이 없죠."

무농약 이야기를 꺼낸 뒤 어느새 그는 고립무원의 처지가 됐다. 스승님과도 점점 거리가 생겼다. 생각이 다르니 어쩔 수 없는 일이다. 책을 읽고 강습회를 다니며 혼자 공부하기 시작했다.

"어차피 할 거잖아. 바로 시작하자 싶었죠."

과감히 2년째부터 밭의 3분의 1을 무농약으로 전환했다. 대담하달까 무모하달까, 하고 싶은 일은 미루지 않는다는 게 하야시 씨의 스타일이다.

결과는 참패였다.

"무농약 쪽 사과나무가 참담했습니다. 벌레가 끓어, 여름 동안 잎을 다 갉아 버린 거죠. 기무라 씨 책을 참고로 식초도 뿌려 봤지만 아무 효과가 없었어요."

그래도 굴하지 않았다. 이듬해에도 밭 3분의 1에 무농약 도전을 이어 나갔다. 그런데 이번에는 매미나방이 극성이었다. 매미나방은 10년에 한 번꼴로 심각하게 번진다. 이파리를 마구 먹어 치우는 해충이지만 농약을 뿌리면 금방 사라진다. 그의 밭에서도 농약을 친 사과나무는 멀쩡하게 넘어갔다. 그러나 무농약 사과나무는 궤멸적인 타격을 입었다. 고민이 깊어졌다.

'무농약 사과 재배는 역시 미친 짓일까?'

도호 마사노리를 만나다

그러던 중에, 친구에게 흥미로운 이야기를 들었다.

"가지치기를 신기하게 하는데, 그걸로 비료랑 농약 없이 귤을 기를 수 있다는 사람이 있어."

도호 마사노리에 대한 이야기였다. 친구가 빌려준 전정 강습 디브이디를 보면서 '오! 그럴 듯한데?' 싶었다. 하지만 동시에 '귤나무니까 가능하지 사과나무에는 어렵겠다.'는 생각도 들었다. 한동안 도호 마사노리에 대해서는 잊고 살았다.

그런데 몇 달 뒤, 별생각 없이 인터넷을 보다가 후쿠시마현에서 도호 농법 가지치기로 사과를 재배하는 사람이 있다는 걸 발견했다.

"아! 사과도 가능하구나, 깜짝 놀랐죠. 서둘러 도호 씨한테 전화를 걸었습니다. 머뭇거릴 상황이 아니라고 생각했어요.”

하야시 씨의 이야기를 들은 도호 마사노리는 곧바로 도가쿠시로 넘어왔다. 2015년 2월, 아직 겨울이 한창이던 때였다. 자연농법에 흥미가 있을 법한 농부들을 모았고, 돈을 갹출해서 열게 된 전정 강습회였다.

‘히로시마 사투리에 좀 쫄았다.’는 게 도호 마사노리를 만난 첫인상이었다. 그렇지만 실제로 이야기를 듣다 보니 ‘이 사람이 하는 말이 이치에 맞다.’고 곧바로 이해가 갔다.

“어느 대목이 가장 납득이 가던가요?”

그 질문에 재밌는 대답이 돌아왔다.

“혹시 밤에 사과밭 본 적 있어요? 엄청 무섭거든요. 가지가 아래로 축 처진 게, 꼭 그림 동화에 나올 법한 악마의 숲 같기도 하고요.”

동감이다. 사과나무는 솔직히 무섭게 생겼다. 특히 잎이 다 떨어진 겨울의 사과나무는 거대한 유령이 이쪽으로 오라고 손짓하는 것 같다. 음산한 기운이 맴돌아 그의 말대로 ‘악마의 숲’ 같다.

“사과나무가 유령처럼 보이는 이유는 가지가 밑으로 가도록 가지치기를 해서 그래요. 그런데 그거, 부자연스러운 거거든요.”

가지는 아래로 향하도록, 나무는 옆으로 퍼질 수 있게 정리한다. 이것이 사과나무 가지치기의 상식이다. 그 편이 볕도 잘 들고 사과 거두기도 수월하다. 게다가 나무자람새를 살짝 꺾어 주면 나무가 위기감을 느껴 억지로라도 좋은 열매를 맺는다는, 얼핏 들어 그럴듯한 소리를 그는 일상적으로 들어 왔다.

"그런데 도호 씨는 그게 아니라고 했어요. '가지는 위로 자라는 게 자연스럽다. 인간의 필요에 따라 밑으로 가게 해서는 안 된다.'고요. 그 말을 듣고 '완전' 공감했죠."

도호 마사노리는 그날 여느 때처럼, 솟는 가지를 남기는 가지치기 시범을 보였다. 위쪽으로 위쪽으로, 가지를 키워 가는 방식이다. 그로부터 얼마쯤 지나, 도호 마사노리가 가지치기한 나무에 생기가 돌기 시작했다.

"우와! 이건 정말 대단하다! 몸소 겪고 실감했죠."

눈이 다 녹은 4월 무렵, 도호 마사노리가 전화로 이런 말을 했다.

"내가 깜박한 게 있는데, 꽃 따 주기 같은 거 하지 마."

그 이야기도 무척 인상 깊었다고 했다. 사과꽃은 한곳에 다섯 송이 정도 모여 피는 습성이 있다. 그게 다 열매가 되면 과일 크기가 잘아져 상품성이 떨어지고, 서로 크겠다고 옥신각신하다가 상처도 난다. 그래서 꽃이 필 때 네 송이를 따 주고 한 송이만 남기는 게 일반적인 방식이다. 하지만 도호 마사노리의 이야기는 달랐다.

"꽃을 따 버리잖아? 그럼 나무는 다시 꽃을 피우려 하고, 그쪽으로 에너지를 쓰게 돼. 그래서 나무가 약해지는 거지. 열매가 맺히고 나면 네 개를 따 주면 돼. 그렇게 하나만 남기는 거지."

그해 여름, 이듬해 봄, 초여름, 가을……. 도호 마사노리는 하야시 씨의 사과밭을 몇 번이나 찾았다. 그때마다 정성스런 조언을 들려줬다. 그에게 가지치기를 배운 뒤 나무는 눈에 띌 만큼 건강해졌다. 작업 시간도 꽤 줄어들었다.

"그 전까지는 가지치기를, 감이 완전히 몸에 밴 사람만 가능한 '장인의 기술' 같은 거라고 생각했어요. 사람마다 하는 말도 다 달랐고요. 그래서 고민하느라 가지치기에 늘 시간이 많이 걸렸죠. 그런데 도호 씨의 방식은 단순했습니다. '가장 높게 솟은 가지를 남긴다.' 덕분에 이제는 고민 없이 가지를 칠 수 있게 됐어요."

또한 도호 마사노리는 하야시 씨를 만날 때마다 이런 말을 했다.

"하야시 군. 무농약은 좀 더 시간이 지나고 하는 게 낫지 않을까?"

갑자기 무농약으로 키우기에 사과는 난이도가 높은 작물이다, 서서히 줄여 갈 필요가 있다는 게 도호 마사노리의 생각이었다.

"이 이야기를 책에 쓸 수 있을지는 모르겠는데……,"

그가 씩 웃으며 말을 이었죠.

"제가 좋아하는 도호 씨 명언 중에 이런 게 있어요. '농약은 중학생이 피는 담배고, 비료는 각성제나 마찬가지다.'"

일본은 습도가 높아 균이 증식하기 쉽다. 해충도 쉽게 들끓는다. 그야 물론 무농약으로 키울 수 있다면야 제일이지만, 필요할 때 살짝 살짝 농약을 쓰는 사람을 두고 "악당 취급하면 불쌍하지."라는 게 도호 마사노리의 의견이다. 그보다는 비료에 의존하는 게 훨씬 더 나쁘다고 그는 말한다.

"비료를 치면, 그걸 뿌리로 흡수한 나무가 메타볼릭 신드롬(대사 증후군)에 빠지지. 질소 비료는 암모니아 가스를 발생시키는데 그게 잎하고 열매에 들러붙게 돼. 그 탓에 벌레가 생기는 거고, 그 바람에 농약이 필요해지는 거지. 그런 열매를 먹으면 사람 몸에도 독이 되는 거고."

비료를 치면 사과 열매가 굵어진다. 수확량도 는다. 농협으로서는 맛이나 안전보다 수확량이 중요하다. 그래서 비료를 권장한다. 흠, 그런 이유였다니…….

하야시 씨는 도호 마사노리와 만난 뒤 사과에 비료를 준 적이 없다. 그가 사과 접시를 가리킨다.

"이것 좀 보세요. 오늘 아침에 쪼갠 사과고, 몇 시간이나 지났는데도 갈변한 게 하나도 없죠?"

사과를 쪼개면 산화작용으로 색이 변하는데 그것도 비료의 영향이라고 했다.

"저희 집 사과는 소금물에 담그지 않아도 갈변이 안 돼요. 사과 주스도 마찬가지고요. 산화방지제를 쓰지 않지만 갈변되는 일이 없죠. 자기야, 우리 집 사과 주스 맛있지?"

그는 난로에 장작을 넣으러 온 아내에게 말을 붙였고, 아내의 다정한 대답이 이어졌다.

"그럼. 맛있지. 감기에 걸려서 도무지 음식이 안 넘어갈 때도 우리 집 사과 주스는 먹을 수 있겠더라."

귀동냥으로 터득한 농약 줄이는 법

"농약에 대해서는, 아직 시행착오 중입니다."

하야시 씨는 정글을 걷는 탐험가 같은 표정으로 말했다. 정답은 모르지만, 일단은 직진이다. 그것만은 정해져 있다. 그런 느낌을 자아내는 얼굴이다.

"3년째부터는 밭 전체에 농약을 절반으로 줄여 봤어요."

도호 마사노리와는 다른 경로에서 도입한 방식이라고 했다. 그는 농사일을 시작하자마자 '나가노시 농업청년협의회'에 가입했다. 젊은 농부들이 모여 공부도 하고 농산물 판매 행사도 하는 모임이다. 다들 젊은 농부인 것은 맞지만, 하야시 씨처럼 신규 귀농

자는 별로 없고 아버지, 할아버지 때부터 농사를 지어 온 농가의 후계자가 대부분이다. 대대로 내려온 농협 방식에 젖어 있는 사람이 많은지라 무농약 같은 데에는 전혀 관심이 없는 모임이기도 했다.

그런데 청년협의회 회식 자리에서 선배들이 나누는 대화가 귀에 꽂혔다.

"농약은 말이지, 제대로 꼼꼼하게만 치면 양을 절반만 써도 충분하다니까."

네? 뭐라고요? 하야시 씨는 귀를 쫑긋 세웠다.

"농협이 권고하는 양은, 적당히 한눈팔며 약을 쳐도 효과가 있을 만한 양이거든. 제대로 나무를 보고 정성스레 약을 치면 농도를 절반으로 줄여도 충분히 효과를 볼 수 있어."

그렇구나! 그는 무릎을 쳤다. 일리 있는 말이었다. 무엇보다, 무농약이나 자연농에 전혀 관심 없는 선배가 하는 말이라 더 설득력이 있었다. 이후 그는 농약의 농도를 반으로 줄여 밭에 치고 있다.

도호 마사노리의 가지치기를 도입한 이듬해부터 사과나무 잎사귀가 눈에 띌 만큼 건강해졌다. 이웃 농부가 밭을 둘러본 뒤 말했다.

"자네가 하는 짓은 엉망진창인데, 이 집 나무는 엄청 건강하네?"

깜짝 놀란 모양이었다.

"엄청 좋은 비료를 뿌렸나 본데?"

"안 뿌렸는데요? 이렇게 건강한데 비료를 왜 뿌려요."

"하긴 그렇지. 그럼 농약은?"

"절반으로 줄여서 쳤죠."

"절반으로 줄였는데 이렇다고? 대단하네."

"언젠가는 농약도 안 치려고요."

그 말에 놀라 이웃 농부의 목소리가 커졌다.

"하이고, 세상에! 그렇게만 되면 자넨 돈 들 일 하나 없겠네!"

농협이 말한 대로 농약을 치면 1,000제곱미터(약 300평)당 연간 2만 5천 엔쯤 비용이 든다. 그 돈이 필요 없어지는 데다가 나무가 도리어 더 건강하다는 것은……. 이웃 농부는 목소리를 낮춰 이렇게 중얼거렸다.

"우린 농협한테 뭘 배운 걸까?"

혼잣말 같던 질문이 사과밭 하늘 위로 퍼져 나갔다.

그에게 최종 목표는 역시 무농약이다.

"작년 일인데, 나무도 건강해졌으니 해충 피해는 없을 거라고 보고 일부 밭에 살충제를 빼고 쳐 봤어요. 이야, 안 되겠더라고요."

농약은 기본적으로 살충제와 살균제를 섞어서 뿌린다. 작년에는 나무를 믿고 살균제만 뿌려 봤다. 그 결과, 7월경부터 벌레가 끼더니 잎이 떨어졌고, 열매 안에 꿀이 들지 않아 절반 넘게 출하하지 못했다. 그건 정말 큰 타격이었겠다 싶다.

"그래서 올해는 20퍼센트 정도 줄이는 선에서 쳐 볼까 싶어요."

이 사람은 몇 번을 실패하더라도 시행착오에서 내려올 생각이 없는 모양이다.

"저기, 뭐 하나만 물어봐도 될까요?"

머뭇머뭇, 마지막 질문을 했다.

"기적의 사과를 재배한 기무라 씨는, 무농약·무비료가 어떻게 가능했을까요? 그리고 다른 사람은 왜 그게 불가능한 걸까요?"

하야시 씨의 대답은 명쾌했다.

"그건 정말로 기적의 사과였다고 생각해요."

기무라 방식으로 성공한 사람은 기무라 본인뿐이라는 게 그의 견해였다. 기무라 아키노리 이후 같은 방식으로 사과 재배에 성공한 사람은 아무도 없다.

"그래서 그의 방식이 보급이 안 된 거겠죠. 1세대 한정의 장인 기술 같은 거라고 봐요. 도호 씨의 방식은 누구나 따라 할 수 있고, 귤, 사과뿐 아니라 어떤 작물에도 응용할 수 있어요. 도호 씨가 대단한 것도 그 부분이고요."

이야기를 나누는 동안 해는 기울고, 게르 위에서 낮잠 자던 고양이도 밑으로 내려왔다. 게르 안은 모닥불 냄새와 함께, 내도록 따뜻했다.

아버지 몰래 도호 농법을 실천하는
헤이

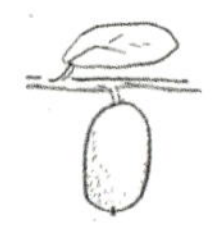

구름 한 점 없는 맑은 가을. 역 앞 로터리에 청명한 햇살이 쏟아지고 있다. 여기가 무슨 역인지는 밝힐 수 없다. 미나미칸토*의 모처라고만 해 두자.

"어서 오세요. 멀리까지 오시느라 수고 많으셨습니다."

역까지 마중 나온 그가 황송할 정도로 정중하게 인사를 건넨다. 30대 후반이라고는 하나, 빠릿빠릿한 몸놀림도 그렇고 맑은 눈빛도 그렇고 어딘가 청년 같은 느낌이 묻어나는 사람이다.

"본명은 아무래도 쓰지 않는 게 좋겠죠?"

"네. 죄송합니다. 혹시나 주변 사람 눈에 띄면 곤란해서……."

그렇게 말하며 웃던 남자를 여기서는 헤이 씨라 부르기로 하자.

헤이 씨네 집안은 할아버지 대부터 농사일을 해 왔다. 땅콩, 토마토, 오이 같은 작물을 키우는 농가였고 아버지 대부터 과수 농사를 시작했다. 지금은 포도, 키위, 배를 주축으로 농사를 짓는다. 헤이 씨 일가의 과수 농사는 지역에서 인정받고 있다. 아버지는 JA과수부회 회장직을 여러 해 동안 맡아 왔다. 농협 방침을 한 번

---

* 도쿄, 사이타마, 지바, 가나가와를 포함하는 간토의 남부 지역.

도 의심해 본 적 없고, 60대가 된 지금까지 농약과 비료를 쓰는 '왕도'만으로 과수 재배를 해 온 분이다. 그런 그의 눈에는, 아들 헤이 씨가 심취한 농업이 '사도'로 비칠 것이다.

"아무리 설명해도 소용없어요. 들으려고도 안 하시거든요. 어느 선 이상 파고들면 싸움만 나니까, 에이 됐어, 숨어서 하지 뭐. 그렇게 돼 버린 거죠. 하하."

이런 사정이 있어 헤이 씨는 도호식 수직 재배를 비밀리에 실천하고 있다. 남들 눈에 띄지 않게, 살금살금 그 모습을 살펴보자.

농가의 후계자라면 다들 공감할 이야기

헤이 씨는 어릴 때부터 만들기를 좋아했다. 나무토막으로 간단한 걸 뚝딱거리거나 근처에 널려 있던 것들을 주워 모아 로봇이나 비행기를 만들기도 했다. 한번 빠지면 끝까지 가는 성격인지라, 초등학교 때 좋아하게 된 가이엔타이[*]와 다케다 데쓰야[**]의 음반, 소다 오사무[***]의 책이라면 전부 소장하고 있을 뿐더러, 지금까지

---

[*] 1971년 결성된 3인조 포크 그룹.

[**] 가이엔타이의 리드 보컬.

[***] 1928~2024. 소설가. 《우리들의 7일 전쟁》, 《우리들의 위험한 아르바이트》와 같은 〈우리들 시리즈〉로 유명하다.

도 이들의 뒤를 쫓고 있다.

농가의 장남인지라 농사를 물려받을 생각은 일찌감치 하고 있었다. 도쿄농업대학에 진학한 것도 그 때문이었다. 교직 과정을 함께 이수해 중학교 교사 일을 먼저 시작했다.

"언젠가는 농사를 지을 생각이었어요. 교사 생활은 7년 정도 했을 겁니다. 마침 3학년 담임을 맡았는데, 아이들을 졸업시키면서 교사 생활을 기분 좋게 마무리하고 농사일을 시작했죠."

본가의 과수원은 부모님이 꾸려 나가고 있었다. 시골에 젊은 일손이 귀하니, 스물아홉이던 헤이 씨의 결단을 양친은 모두 크게 환영했다. 그러나 아무리 사이가 좋다 해도, 가족이 한집에 붙어 살며 일까지 같이 하는 건 꽤나 힘든 일이다.

"사실, 이런 이야기는 농사짓는 집 장남이라면 다들 공감하지 싶은데……."

헤이 씨는 웃으며 농가에서 흔히 벌어질 법한 부자의 갈등을 풀어놓았다. 베테랑 농부인 헤이 씨의 아버지는 자기 방식에 절대적인 자신감이 있었다. 거기다가 완고한 장인 기질의 소유자로, 가르치는 방식이 거칠고 투박했다. 지금 하는 작업이 왜 필요하냐고 묻는 아들에게 변변한 설명을 해 준 적도 없었다. 그런가 하면, 또 어떤 부분에서는 자잘한 데까지 이래라저래라 주문이 많았다. 이래서야 분위기가 험해지는 것도 이상한 일은 아니다.

"가끔은 전에 했던 말이랑 다른 말씀을 하시거든요. 제가 그걸 따지고 들면 아버지도 우기기 시작하고……, 하하하. 그렇게 되면 저도 이제 뭐 아버지 말씀을 고분고분 못 듣는 거죠."

힘들게 일을 마치고 밥때가 되면, 이번에는 또 다른 스트레스가 치고 들어왔다.

"너, 결혼 언제 할 거냐?"

"그러게 말이야. 농촌에 시집올 여자도 별로 없는데, 젊을 때 미리미리 찾아 둬야 되지 않겠니?"

걱정하는 부모의 심정도 모르는 바는 아니나, 그로서는 '또 그 소리냐!'는 생각이 들 수밖에 없다.

"뭔가, 다 너무 싫더라고요. 그때는 농사짓는 데에도 재미를 못 느꼈거든요."

울적한 날들이 몇 년인가 이어졌다. 그런데 생각지도 못한 전개가 헤이 씨 앞에 펼쳐졌다.

'가쿠레 기리아게시탄'이라 불리는 남자

서른세 살이던 어느 가을 날, 그는 지인의 초대로 한 농장이 주최하는 식사 행사에 참석했다. 그리고 그날, 나중에 아내가 되는 히나 씨(가명)를 만났다. 대학에서 생물학을 전공한 뒤 제약회사에서 근무하기도 한, 이공계 출신 전문직 여성이었다.

"자연도 좋아하고, 먹는 것도 좋아하는 사람이었어요. 딱히 농사에 흥미가 없어 보이기는 했는데, 내가 기른 포도랑 배를 선물하고는 어쩌다 보니 사이가 좋아져서……."

추억을 더듬는 그의 얼굴에 쑥스러운 미소가 번진다. 둘은 사귄지 반 년 만에 결혼식을 올렸고, 시부모와 동거하는 농가로 들어와 준 히나 씨 덕분에 일가 모두 크게 기뻐했다.

신혼 생활이 한창이던 어느 날, 히나 씨에게서 도호 마사노리라는 이름을 처음으로 들었다.

"페이스북에서 봤는데, 도호 마사노리라는 사람이 하는 강습회가 있대. 재밌을 것 같지 않아?"

마침 그날 일이 있어 헤이 씨는 가지 못했고 히나 씨 혼자 강습회를 다녀왔다.

"농업에 대해서는 잘 모르지만, 도호 씨가 하는 말이랑 우리 아버님, 어머님이 하는 농사가 완전히 딴판이라는 것 정도는 확실히 알겠더라고요."

히나 씨의 말이 이어졌다.

"어쨌든 저도 자연과학을 전공했고, 도호 씨가 설명하는 식물 시스템이 일리 있다고 생각했어요. 재밌는 강연이었습니다. 네? 짓궂은 농담이요? 물론 있었죠. 하하하."

집에 돌아오자마자 남편에게 도호 마사노리의 강연 내용 전부를 들려줬다. 헤이 씨도 흥미가 일어 아내가 가져온 자료와 디브이디를 몇 번이고 돌려 봤다. 그리고 두 달 뒤, 이번에는 헤이 씨가 도호 마사노리의 강습회에 참가했다.

"그게 2015년 5월이었습니다. 그날부터 빠져서, 4년 반 동안 서른다섯 차례나 강습회에 참석했어요."

"네? 서른다섯 차례나요?"

헤이 씨는 웃으며 고개를 끄덕였다. '한번 빠지면 끝까지 가는 성격'이 십분 발휘된 상황이었다. 간토 근교에서 하는 강습회는 물론, 도호쿠나, 긴키 지방에서 열리는 강습회에 차를 몰고 달려가는 일도 종종 있었다.

"아버지한테는 비밀이었죠. 강습회에 갈 때마다 소방단 모임이라거나, 친구 결혼식이 있다거나, 매번 거짓말을 했어요."

"세상에나, 가쿠레 기리시탄*처럼 사셨네요."

"아뇨. 가쿠레 '기리아게'시탄입니다. 하하."

헤이 씨의 농담에 빵 터졌다. 위로 솟는 가지를 남기는 도호식 가지치기, 일명 '기리아게 가지치기'를 남몰래 신봉하는 헤이 씨에

---

* 숨은 가톨릭교도. '숨다'라는 뜻의 '가쿠레'에 '가톨릭교도'를 뜻하는 '기리시탄'이 더해진 말로, 에도 막부 시대에 극심한 종교 탄압으로 음지로 숨어들어 신앙생활을 했던 가톨릭교도를 말한다.

게 찰떡같은 별명이다. 언젠가 강습회에서 가쿠레 기리아게시탄 이라고 자신을 소개했는데 도호 마사노리와 참가자들 모두 폭소를 터트렸다. 그날 이후 다들 헤이 씨를 그렇게 부르고 있다.

도호 마사노리와 만나 헤이 씨의 농사는 어떻게 바뀌었을까. 쾌청한 가을 날, 그의 키위밭을 돌아보기로 했다.

정글 같은 헤이 씨의 키위밭

그는 키위밭이 두 군데다. 하나는 집 근처, 하나는 집에서 좀 떨어진 곳. 헤이 씨는 먼저 집에서 떨어진 밭으로 나를 데려갔다.

"우와, 잔뜩 달렸네요!"

허리를 살짝 굽혀 넝쿨 지지대 밑으로 들어가니 눈높이 정도에 키위 열매가 대롱대롱 매달려 있다.

녹색 과육이 상큼한 '헤이워드', 노란색 과육이 쫀득하고 새콤달콤한 '애플키위', 한가운데가 빨갛고 단맛이 강한 '레드키위', 이렇게 세 종류의 키위를 키우고 있다. 맛보기로 먹어 봤는데 지금까지 먹은 키위는 뭐였나 싶을 정도로 최고의 맛이었다!

"원래는 지인의 키위밭이었어요. 6년쯤 전에, 그 사람이 농사일을 그만두면서 제가 이어받게 됐죠. 집에서 떨어져 있다 보니 아버지는 거의 안 오시고, 기회다 싶더라고요. 제가 하고 싶은 대로 다 해 보고 있죠. 흐흐흐."

집에서 먼 밭을 관리하는 데에는 수고가 따른다. 비료와 농약을 칠 때마다 농기구를 챙겨 오고, 챙겨 가고, 매번 그것도 큰일이다. 그래서 무농약으로 해야겠다는 생각이 더 강해졌다. 다행히 키위는 병충해에 강한 작물이다. 조금 널널하게 키워도 잘 자라 주리라는 계산도 있었다.

"처음 1년 반 정도는 제 방식으로 무농약 재배를 해 봤습니다. 지식도 없고 경험도 없었죠. 농약을 쓰지 않고, 그저 방치해 두는 느낌의 농사였어요. 이래서 괜찮을까, 병충해로 농사가 망하지는 않을까, 겁이 나더라고요."

그런 시기에 도호 마사노리를 만났다. '약한 전정을 통해 식물이 지니고 있는 호르몬의 능력을 끄집어낸다.', '비료와 농약을 쓰지 않고 건강한 나무로 기른다.'는 발상에 매료됐다.

"무엇보다, 제가 질문을 하면 즉답이 돌아왔어요. 단숨에 신뢰감이 상승했죠. 아버지께는 얻을 수 없었던 명쾌함이 있었습니다. 물론 아버지한테도 이론이 있긴 했지만 결국에는 감에 기대는 방식이었거든요."

그의 밭은 도호 마사노리의 가르침을 충실히 따르고 있었다. 보통은 Y자 모양으로 가지가 퍼지게 이끌지만 그는 한쪽으로 곧게 자랄 수 있게 했다. 식물호르몬의 흐름이 원활해진다는 도호 방식이다. 가지도 되도록 치지 않았고 이파리가 서로 겹쳐 그늘이 져도 겁내지 않았다. 그랬더니 가지와 잎으로 무성한 정글 같은 밭이 됐다.

"이런 키위밭은 아마 딴 데는 없을 거예요. 아버지가 보면 노발대발 난리가 날 텐데. 흐흐흐."

그 뒤, 집 가까이에 있는 다른 키위밭도 (아버지 눈에 띄지 않게 살금살금) 둘러봤다. 나뭇잎 사이로 햇살이 떨어져, 밭 전체가 상당히 밝았다. 그러니까 가지치기를 제법 한 밭이다. 농약과 비료도 칠 만큼 쳤다고 했고, 키위 열매에 '우산'이라 부르는 비막이 덮개도 씌워져 있다. 시간과 수고가 제법 들어간 밭이라는 게 한눈에 딱 보였다.

하지만 헤이 씨 밭은 정글이다. 잎이 무성한 덕에 비막이 작업을 하지 않아도 얼마쯤은 열매가 보호된다. 수고를 들이지 않은 밭이다. 원래부터도 농약은 안 쳤고, 3년 전부터는 비료도 치지 않았다. 아버지가 비료를 주며 밭에 꼭 뿌리라고 시킬 때도 있다.

"그러면 '알겠어.' 대답은 하고 친구한테 몰래 줘 버립니다. 하하하."

개구쟁이 얼굴로 깔깔대는 게 재밌어서 나도 웃는다.

믿는다는 것은

그러나 인간의 마음은 흔들린다. 그렇게 생겨먹은 생명체다. 도호 마사노리의 방식이 좋아 보이는 것과 그것을 실천하는 것. 그 사이에는 제법 큰 간극이 있다. 그의 농업을 받아들인다는 것은 지금까지의 방식을 부정하고, 버리고, 바꾼다는 의미다. 강습회에 참가한 사람이 100명이라면 그중 과연 몇 명이나 과감한 결단을 할 수 있을까? 그렇지만 정말로 마음이 흔들리는 건 그 다음부터다.

"도호 씨에게 배운 대로 한다고 했는데, 생각만큼 결과가 좋지 않을 때. 그럴 때 어떻게 할 거냐는 문제죠."

그는 키위 덩굴을 사랑스럽게 바라보며 말했다. 키위는 공산품이 아니다. 지침서대로 한다고 적당한 크기의, 예쁘고 맛있는 열매가 열리는 게 아니다. 이것이 농사의 어려움이자 심오함이다.

"뭔가 잘 안될 때, 짚이는 원인이 너무 많아서 헤매게 되거든요."

그의 말이 묵직하게 다가왔다. 도호 마사노리의 방식이 틀린 게 아닐까? 그게 아니라면 내가 그의 방식을 제대로 이해하지 못했나? 그도 아니면 방식과는 상관없이, 봄장마가 길었던 탓일까? 여름에 기온이 낮아서 그랬나? 온갖 가능성이 머릿속에서 뱅글뱅글 돈다. 원인을 완벽히 밝혀내기란 극히 어렵고, 그렇기에 더더욱 '이대로 도호 농법을 고수해도 되는가?'라는 의문이 솟는다.

"친구 중에도 도호 씨의 농법을 따라 했다가 잘 안돼서 그만둔 사람이 있어요."

어쩌면 이건 '믿는다는 건 무엇인가.'에 대한 이야기이기도 하다. 그가 지금까지 서른다섯 차례나 강습회에 참가한 것도 그런 과정이 있었기 때문이었다.

"도호 씨가 말한 대로 했어요. 그런데 예상과 다른 결과가 나오면 '왜?', '어째서?' 하고 생각하게 됩니다. 그런 의문이 생길 때마다 적어 둡니다. 그리고 다음 강습회에 가서 그 의문을 직접 부딪쳐 보는 거죠. 도호 씨의 대답을 듣고, 다시 밭으로 돌아가 하루하루 보내다 보면 또 다른 '왜?'와 '어째서?'가 튀어나옵니다. 그러니 다시 다음 강습회에 가는 겁니다. 이 과정이 반복되다 보니 서른다섯 차례나 가게 됐네요."

예를 들면 이런 식이다. 도호 마사노리는 '잎이 중요한 역할을 하니 잎을 쳐 내면 안 된다.'고 했다. 헤이 씨는 배운 대로 잎을 무성하게 돌본다. 그런데 며칠 지나 아래쪽 이파리가 말라 죽고 있는 걸 발견한다. 보통은 잎이 너무 무성하면 열매가 잘아진다, 도중에 잎이 말라 떨어지면 맛이 안 든다, 라고들 하니 슬슬 걱정도 된다. 그럴 때, 불안에 져서 도호 방식을 포기하고 남들 다 하는 가지치기로 돌아갈 수도 있다. 하지만 그는 도호 씨를 믿고 있고, 믿고 싶은지라, 이를 꽉 물고 버틴다. 마른 이파리 사진을 찍고, 도호 마사노리에게 궁금한 걸 묻기 위해 다음 강습회를 신청한다. 사진을 본 도호 마사노리는 "이런 식으로 잎이 말라 떨어지는 건 자연스런 현상이다. 나무 스스로 균형을 잡는 과정의 결과물이니 아무 문제 없다.”고 한다. 그 한마디에 헤이 씨는 안심한다. 다시 확신을 갖고 이파리를 무성하게 키운다.

어쩐지 헤이 씨가 경건한 신앙인처럼 보이기 시작한다. 자신 내부의 믿음을 확인하기 위해 성지를 순례하고, 구루의 말을 되새기는 신앙인. 가쿠레 기리아게시탄이라는 별명은 허세가 아니다.

“아뇨. 저도 흔들립니다. 뭔가 잘 안 풀릴 때, 다음 번 질문까지 기다리는 기간에는 저 역시 흔들려요. 그럴 때는 또, 잘 안되는 이유를 남 탓으로 돌리고 싶은 유혹도 많고요.”

농업이란 신념이 시험받는 일이구나 싶다. 아니, 아마 모든 일이 다 그럴 것이다. 믿는 것을 어디까지 관철할 것인가. 모든 일에는 그 질문이 따라붙는다. 그래서 때로 일이란 숭고하기도 하다.

장대한 실험은 계속된다

더듬더듬, 도호 농법을 시작한 지 5년이 흘렀다. 현재 헤이 씨가 키우는 키위와 아버지의 키위, 즉 관행의 방식으로 키우는 키위를 비교하면 어떻게 다를까?

“당도에 차이가 나지 않을까 생각했지만 그리 큰 차이는 없는 편입니다. 대신, 제가 키운 키위는 단맛과 신맛이 균형 잡혀 있어서 좀 더 깊은 맛이 납니다. 좀 더 키위다운 맛이랄까요. 열매의 크기와 수확량은 앞으로 더 개선될 여지가 있다고 봅니다.”

앞으로도 도호 씨와 소통하며 그 방식을 철저히 좇아 볼 생각이다. 그 과정에서 개선할 지점도 찾을 수 있을 것이라 낙관했다.

“도호 씨가 보여 준 이상이 10이라면, 작년에는 2까지 가능했고 올해는 3까지 가능했고…… 이렇게 점점 10에 가까워지고 있는 걸 피부로 느끼거든요.”

헤이 씨는 자신감을 내비쳤다. 이 길을 가면 농약과 비료 값이 들지 않는다. 수고도 줄일 수 있다. 기존 방식으로 기른 것보다 맛도 더 좋다. 수확량은 앞으로 개선해 나갈 수 있다. 더구나 무농약의 안전성이 추가 가치로 창출된다. 그것을 자기 손으로 증명해, 여러 농민들에게 전하고 싶다. 그렇게 말하는 그의 얼굴은 ‘믿는 자’의 얼굴이었고, 맑은 기운으로 충만했다.

“키위는 중학생보다 다루기 쉬워요.”

전직 중학교 교사였던 그가 쾌활하게 말했다.

“중학생을 대할 때는, 한 명 한 명 상황이 다르다 보니 A한테는 효과를 거둔 가르침이 B한테는 역효과를 내기도 하죠. 그렇지만 키위는 좋든 싫든 제가 키운 대로 자라 줍니다. 순순히 그대로 받아들이죠.”

목소리가 없는 키위의 이야기를 듣는 것. 결코 쉽지 않은 일이다. 그렇기에 더더욱, 키위가 건강해지고, 내 생각대로 자라 주고 있다는 작은 성취감이 쌓여 간다면 그것만큼 즐거운 일이 또 있을까 싶다. 그의 밝은 얼굴을 보고 있으니 괜히 옆에 있는 나까지 기분이 좋아진다.

"헤이 씨는, 키위를 상대로 장대한 실험을 하고 계신 거군요."

"맞아요. 그렇게 생각하면 농사가 엄청나게 재밌어져요. 그게 바로 도호 씨가 30년 넘게 해 온 일이기도 하고요."

"언젠가, 아버지도 알아주셨으면 좋겠네요."

"그러면 너무 좋죠. 결국에는 수입일 텐데, 수입이 안정되는 걸 보여 드리면 '이런 농법도 괜찮네.' 하고 생각해 주실 수도 있고, 아닐 수도 있고…… 하하하. 아무튼 그때까지 열심히 해야죠."

때를 기다리는 가쿠레 기리아게시탄의 시간은 좀 더 이어질 듯하다. 그러나 그 시간까지도 포함해, 헤이 씨의 농사는 즐겁다.

취재를 마치고, 다시 역 앞 로터리로 돌아간다. 도착했을 때는 푸르게 맑던 하늘이 지금은 보기 좋은 노을빛에 물들어 있다.

　도호 마사노리와 만나기 전까지 비료가 나쁘다는 인식이 나한테는 전혀 없었다. 여기서 잠깐 비료의 역사를 짚고 넘어가자.

　농업은 먼 옛날부터 존재했던 직종이지만 같은 것만 반복해 온 보수적인 일이라 생각한다면 큰 오산이다. 예로부터 인류는, 어떻게 하면 작물이 건강하게 자랄지, 맛있게 익을지, 수확량을 늘릴 수 있을지 고민을 거듭해 왔다. 조금이라도 나은 방법이 있다면 과감히 시도해 왔고, 시도와 실패의 반복이 쌓여 지금의 형태로 자리 잡았다. 그게 언제든 논과 밭은 최첨단의 시험장이었다.

　멀고 먼 옛날, 인류는 의도치 않게 '비료 비슷한 것'과 만났다. 고대 이집트에서는 해마다 7월이면 나일강이 범람해 주변 농경지가 물에 잠겼다. 이 홍수로 상류의 비옥한 흙이 농경지에 섞여 든다는 사실을 사람들은 알고 있었다. 그래서 물이 빠진 뒤를 파종 시기로 정해 두고 농사를 지었다. 그야말로 이집트는 나일강의 선물이었다. 여담이지만, 당시 이집트에서는 파라오가 나일강 앞에서 자위를 하는 의식이 있었다. 왕의 정자가 강에 흘러 들어가야 풍

년이 들고 곡식이 잘 여문다고 생각했다. 파라오도 알고 보면 힘든 직업이다.

화전 농업도 세계 곳곳에서 아주 오래전부터 이루어져 왔다. 본디 목적은 초목을 불태워 농지를 개척하는 것이지만 재가 밭 흙에 섞이면 작물이 잘 자란다는 인과관계를 농부들은 곧바로 알아차렸다. 초목을 태운 재에는 양분이 많이 들어 있다. 산성의 메마른 땅에 불을 놓으면 재가 섞이며 땅이 중화되는 효과도 있다. 일본에서는 조몬 시대(기원전 15세기~기원전 3세기)부터 존재했던 농법으로 〈만엽집〉•에도 밭에 불을 놓는 노래가 나온다.

> 봄 들판을 태우는 이는 그것으론 족하지 아니한지 내 마음마저 태우네 (작자 미상)

에도시대의 '똥지게꾼'
뒷간의 똥오줌을 사서 농부에게 팔았다.

• 일본에 현존하는 가장 오래된 노래 모음 책.

작물이 양분을 흡수해 자랄수록 농지는 메말라 간다. "자, 다른 땅으로 이동합시다." 하고 훌훌 떠났던 시대도 있었으나 땅에는 한계가 있다. 머지않아 인류는 정착하게 되고, 농업을 이어 나가려면 땅을 비옥하게 만들어야 한다는 생각이 자리 잡아 나간다.

풀을 베어 깔기도 하고(풀덮기), 밭에서 풀을 매지 않고 풋거름으로 활용(녹비)하는 따위로, 자연에서 얻을 수 있는 거름에 대해 다양하게 궁리했다. 스페인이든, 인도든, 나라 분지*든 농촌이라면 분명 '거름 장인'이 있었을 테고 마을에서 귀한 존재로 대접받고 살지 않았을까 싶다.

화폐경제가 발전하면서 농가는 농작물을 팔아 생활했고 거름을 사들이기도 했다. 도쿄, 고토구에 위치한 '후카가와 에도 자료관'에는 튀김 포장마차나 기능공이 살던 나가야** 같은 에도시대의 거리 모습이 재현되어 있다. 그중 유달리 멋들어진 큰 점포가 눈에 띄는데 실제 후카가와에 있던 거름 도매상 '다다야'를 본떠 만든 건물이다. 다다야는 청어나 정어리에서 기름을 짜고 남은 찌꺼기를 거름으로 팔던 가게다. 생선 찌꺼기에는 아미노산이 풍부해 밭에 뿌리면 채소의 맛이 좋아진다는데, 그 옛날 누가 처음 시도

---

* 일본에서 오래 전부터 넓게 벼농사를 지었던 지역. 고대 농업 유산이 많이 남아 있다.

** 칸을 막아 여러 가구가 살았던 좁고 기다란 형태의 셋집.

해 본 건지 참 대단하다.

한편 영국에서는 동물의 뼈가 거름이 된다는 사실을 알아냈다. 때는 18세기, 무대는 영국 중부의 세필드. 칼, 도끼 같은 날붙이 제조업이 번성한 곳으로 공장 주변에는 늘 동물의 벼, 뿔, 송곳니를 갈아 낸 조각들로 가득했다. 동물의 뼈나 뿔 따위로 날붙이의 손잡이를 만들었기 때문이다. 그런데 어느 날 뭔가를 알아차린 사람이 있었다.

"어라? 뼛가루가 있는 곳에 잡초가 유달리 무성한 것 같은데?"

이 우연한 발견은 널리 퍼져 나갔고, 뼈를 부수어 만든 골분 거름 가게도 앞다투어 생겨났다.

산업혁명 뒤 인구가 급속도로 늘어났다. 1816년은 '여름이 없던 해'로 불릴 만큼 이상기상 현상이 심각했고 유럽은 대기근이라는 재앙에 휩싸였다. 살아남기 위해 더 효율적으로, 많은 양의 농작물을 거둬야 한다는 위기감이 고조됐다. 그 가운데 탄생한 것이 화학비료다.

유기화학의 아버지 유스투스 폰 리비히(1803년~1873년)가 화학비료 탄생의 핵심 인물이었다. 1803년 독일에서 태어난 그는 어릴 때부터 화학 실험에 빠져 살았고, 실험을 하다가 몇 번이나 폭발 사고를 일으키기도 한 열성적인 '화학 덕후'였다. 22세에 대학교수가 되었고, 획기적인 사고방식으로 새로운 실험 방식을 도입해 클

로로포름, 알데히드 같은 여러 유기화합물을 발견해 낸 위대한 화학자였다.

그중에서도 '식물은 무기물을 영양분으로 취한다.'는 학설(무기영양설)이 농업에 큰 변화를 가져왔다. 그 전까지는 흙 속의 부식물질(흙 속에서 동식물이 썩어서 만들어진 흑갈색 물질)이 식물의 영양분이라 생각했기 때문에 다들 '설마!' 하며 믿으려 들지 않았다. 평생을 풀과 재, 찌꺼기, 동물의 뼛가루 같은 유기물 거름을 쓰던 사람들에게 갑자기 칼슘이니 마그네슘이니 화학물질을 열거하며 '무기물이 양분이 된다.'고 하니 어리둥절할 수밖에.

19세기 중반 이후, 로버트 워링턴(1838년~1907년)이란 영국의 농화학자가 '흙 속의 유기물을 미생물이 분해하여 무기화한다.'는 시스템을 밝혀내면서 유기물 거름과 무기물의 상관관계가 자연스레 이어질 수 있었다. 즉 인류가 오래도록 사용해 온 유기물 거름은 미생물의 활동으로 무기물로 변하고 그것을 식물이 양분으로 흡수해 성장하는 것이다. 유기비료는 분해되는 데 많은 시간이 걸

유스투스 폰 리비히

리고 한 번에 많은 양을 만들기도 어렵다. 반면 화학비료는 효과가 빠르고 대량생산도 가능해 근대 이후 농업에서 활개를 치게 됐다.

오늘날 농업 교과서는 "작물이 자라는 데에는 산소, 탄소, 수소, 질소, 인, 칼륨, 황, 칼슘, 마그네슘, 철, 붕소, 망간, 몰리브덴, 동, 아연, 염소, 니켈 같은 영양소 17가지가 반드시 필요하다."고 쓰고 있다. 특히 중요한 성분이 질소, 인산, 칼륨이다. 식물의 구조에 대해 구석구석 알게 된 것은 최근 100년 사이 일이다. 그리고 그와 동시에 화학비료를 지나치게 뿌리면 연작 장해가 일어나고 토양과 물이 오염되는 원인이 된다는 것도 밝혀졌다. 나무가 약해지고 해충이 끓는다는 사실도 농가라면 대부분 실감하는 내용이다.

길고 긴 역사를 거쳐 농업은 지금, 여기에 도달했다. 비료는 좋은가, 나쁜가. 유기비료는 괜찮고 화학비료만 나쁜 것일까. 비료에 기대지 않고 땅 만들기에 주력하는 것이 최선의 길일까.

언제나 그랬듯 논과 밭은 최첨단의 시험장이다. 결론은 아직 나오지 않았다. 지금도 다양한 실험이 동시다발로 행해지고 있다. 그리고 우리의 도호 마사노리는 자신 있게 말한다. 비료는 필요 없다.

"식물 본연의 힘을 끌어낼 수 있다면 비료 없이도 잘 자랍니다. 산벚나무 좀 보세요. 비료 주는 사람 하나 없어도 매년, 착실히 꽃을 피워 내잖아요."

자연 재배를 연구하는 과학자
야노 미키

늦가을 보드라운 햇살로 가득한 고후 역. 야노 미키 씨와 만났다. 그는 급행열차 '슈퍼 아즈사'가 도착하는 시간에 맞춰 일부러 역까지 나와 주었다. 야마나시대학 생명환경학부에서 조교수로 학생들을 가르치고 있다. 일찌감치 도호 농법에 주목해 과학적 접근을 해 나가는 농학자이기도 하다.

"처음 뵙겠습니다."

인사는 짧게 마무리. 물 흐르듯 자연스러운 안내가 뒤따른다.

"먼저 농장부터 소개할 게요. 제 차로 가시죠."

날씬한 몸집에 큰 키, 황갈색 점퍼에 운동화. 어딘가 경쾌한 느낌을 주는 첫인상이다.

야노 교수가 농장이라 칭한 곳은 캠퍼스 안에 있는 연구용 밭이다. 바로 앞쪽에 복숭아나무와 자두나무가 있고 그 뒤쪽으로 포도밭이 펼쳐져 있다. 약간 떨어진 밭에서 채소와 곡식도 키우는 모양이다. 학생은 없었고 연구실 직원이 두 명, 산책 중인 고양이 한 마리에 너구리 한 마리만 보인다.

"여기 이 밭에 도호 씨를 초빙합니다. 학생들에게 가지치기 강습을 하죠."

그가 농장을 안내해 준다. 잎을 다 떨군 복숭아나무가 팔을 하늘로 뻗은 채 당당히 해를 받고 있다. 순간 뭔가 팔랑인다 싶어 자세히 보니 몸통에서 뻗은 수백 개의 가지마다 일일이 꼬리표가 매달려 있다. 가지의 성장 상태를 조사하기 위해서라고 했다. 농업을 수치화해 과학적으로 검증한다는 게 보통 일이 아니구나 싶다.

좌절하고 방황하다 마지막에 진심이 된 학문

연구동으로 자리를 옮겨 이야기를 들어 보기로 했다. 늘 생년월일부터 시작하는데, 같은 나이에다가, 도쿄 분쿄구 안에 있는 가까운 고등학교를 다녔다는 사실을 알게 되며 순식간에 친근해진다.

"우와, 그랬군요."

"그러게요. 신기하네요."

그렇다고는 해도, 나와는 달라도 너무 다른 그이다. 잘하는 과목은 수학, 중학교에서는 농구, 고등학교에서는 배구, 대학에서는 소림권법에 이르기까지 문무 양면으로 충실한 청춘을 보냈다니, 수학은 낙제점, 체육은 땡땡이, 매사 주눅 들어 있던 나하고는 천양지차여서 말이다.

"에이, 아니에요. 저도 만사 순조로웠던 건 아니거든요. 어릴 때 공부를 전혀 안 했던 터라……."

쑥스러워하며 자기 이야기를 잠시 이어 나간다. 고등학교 입시는 1차에 실패해 2차 추가 모집으로 들어갔다. 고등학교 때는 의학부를 목표로 삼던 때도 있었으나 역시 화학이 하고 싶었고, 재수를 해서 도쿄대학 이과 2류*로 진학했다. 그러나 성적이 나빠 화학 관련 연구실에는 들어가지 못하고 농업생물학을 전공으로 선택했다.

1990년대, 유전자 연구가 활발해지던 시기, 야노 미키도 그 길을 가려고 마음먹었다. 하지만 대학원 시험에 떨어지면서 좌절, 마침 신설된 도쿄대학 농학국제전공 대학원에서 그를 받아 줬다.

"원예학 같은 데 관심도 없고 재배도 싫어했는데, 어쩌다 보니 그쪽 길을 걷게 된 거죠."

그런 사람이 지금, 도호 마사노리 농법을 제일 잘 이해하는 사람으로 농학의 최전선에 서 있다니 재밌는 일이다.

이야기를 들어 보니 '아무 일에도 흥미가 없고, 의욕도 별로 없고, 공부에도 집중할 수 없던 시기'가 꽤 길었던 모양이다. 그럼에도 도립 명문 고교에서 도쿄대에 입학하고, 우여곡절 끝에 대학원

---

* 도쿄대는 학과 구분 없이 학류 구분으로 신입생을 모집한다. 이과 1류는 수학, 공학, 물리학 중심, 이과 2류는 생물학, 농학 중심, 이과 3류는 의학 중심으로 구분되어 있고 2년 교양 과정 이수 후 성적별로 전공 과정을 선택할 수 있다.

에 진학할 정도로 명석했다는 게 대단한 면이기도 했으나, 마음 깊은 곳에서는 학문에 몰두하지 못하는 자신 때문에 버거웠다.

그를 변화시킨 건 농업 현장이었다. 원예학에 관심도 없이 진학한 대학원은 '개발도상국의 농업을 지원하는 인재 육성'을 목표로 삼는 곳이었다. 그는 태국으로 건너가 용안(한자로 쓰면 '龍眼', 리치의 사촌쯤 된다.)이라는 과일 연구를 시작했다. 태국은 용안 생산량이 가장 많은 나라였지만 수확량이 안정적이지 않다는 게 지역 농가의 고민이었다. 야노 교수는 그 원인을 밝혀내기 위해 고군분투했다.

"과일은 워낙에 좋아했고, 태국도 무척 마음에 드는 나라였어요. 연구가 재밌어지더라고요. 무엇보다 '식물에게 배운다'는 감각을 처음으로 맛본 곳이 태국이었습니다."

그 전에도 농업 실습을 통해 식물을 접할 기회는 있었다. '이 식물은 이런 특징이 있다.'고 미리 배운 뒤에 관찰하는 과정을 따랐다. 그런데 박사과정 연구에서는 이끌어 주는 교수가 없으니 혼자 그 과정을 해 나가야 했다. 진득하고도 끈질긴 관찰을 계속했다.

"그러다 어느 날 '아!' 하는 순간이 찾아왔어요. '용안은 이런 시스템으로 생장하는구나.'가 보이기 시작한 거죠. 그래서 관찰 연구에 더 몰두하게 되더라고요."

그리고 얼마 뒤 결정적으로 의욕을 끌어올리는 일이 일어났다.

"교과서 내용과 실제 용안 농장에서 벌어지는 일이 전혀 다른 경우가 있었습니다. 조사해 봤죠. 그랬더니 충분한 연구 없이 다른 과수의 이론에 용안을 끼워 맞춰 쓴 내용이었어요. 학문의 세계에서 통용되는 것임에도 오류가 있다는 게 놀라웠죠. 그렇다면 이미 있는 이론보다는 내 눈으로 확인한 것을 믿자 싶었습니다."

도호 마사노리와 똑같은 말을 해서 놀랐다. '식물에 대한 답은 식물이 가르쳐 준다.', '가장 훌륭한 교과서는 식물 그 자체다.'

"선입견 없이 현장에서 관찰해 나가면 인간은 식물에 대해 더 많이 이해할 수 있을 겁니다. 내가 그 일에 공헌할 수 있겠다는 생각이 들었죠."

갑작스레 연구에 몰두하는 딸을 보고 아버지는 이렇게 말했다.

"공부의 '기역 자'에도 관심 없던 네가 갑자기 왜 그러는지 모르겠다. 어디 머리라도 이상해졌나……."

인간은, 이것이 내 사명이라고 깨닫는 순간 급변하는 존재다.

태국에서 귀국하고는 만감류 연구도 시작했다. 2006년부터는 도쿄대 대학원 농학생명과학연구과 부속 농장에서 학부생들에게 농장 실습을 지도하며 채소 연구도 시작했다. 그리고 그 무렵, 몸에 문제가 생겼다.

"점점 몸이 나빠졌어요. 아무렇지 않게 먹던 음식인데 먹을 수가 없게 되더라고요."

민감해진 몸, 자연농법에 다다르다

발현되는 증상들이 심상치 않았다. 그중 하나가 빈번한 발작이었다. 갑자기 가슴 근처 안쪽부터 차가워지고, 몸이 떨리고, 서서히 심장 움직임이 무뎌져 가는 느낌. 종국에는 뇌로 가는 혈류가 줄어들면서 뇌빈혈을 일으켰다. 그런 발작이 몇 번이나 야노 교수를 괴롭혔다. 또한 뭔가를 먹기만 하면 속이 안 좋았다. 먹고 싶은 걸 먹으면 괜찮을까 싶었지만 속이 울렁이긴 마찬가지였다. 병원에 가도 '자율신경 기능 이상'이라 진단만 할 뿐 원인도 모르고 뾰족한 치료법도 없었다. 약을 먹어도 낫지 않았다. 한방의 도움도 받아 봤으나 달라지는 건 없었다. 30대 초반, 왕성하게 활동할 시기를 출구가 보이지 않는 터널 속에서 지내야 했다. 얼마나 불안하고 고독했을까.

그러나 그는 과학자다. 상황을 관찰하자, 가설을 세워 보자, 실험을 반복하며 해답을 찾아 보자, 하는 사고방식이 뿌리부터 확고한 과학자. 피험자는 자기 자신이었다. 먹는 것의 종류, 그 양과 질, 섭취하는 시간 따위를 다양하게 실험하고 기록했다. 그리고 알게 된 것이 있었다.

'농약을 써서 기른 채소를 먹으면 속이 울렁인다.'

언제부터인가 야노 교수의 몸은 아주 민감해져 있었다. 토마토가 먹고 싶다고 몸이 원해도 농약을 뿌려 재배한 토마토라면 아무리 먹어도 만족감이 없었다. 그뿐인가. 속이 울렁거려 토할 것 같을 때가 많았다. 혹시나 하는 생각에 무농약 토마토를 먹어 봤다. "아, 이거다!" 그제서야 몸과 마음 모두가 편해졌다. 그런 과정의 반복이었다고 했다. 머지않아 그는 동물성 음식, 농약이나 첨가물 같은 화학물질이 포함되어 있는 음식을 전부 끊었다.

"그러자 서서히 몸이 좋아졌어요. 지금도 그런 식생활을 이어가고 있고요."

야노 교수의 온화한 표정을 보며 나는, 선물로 가져온 시판 쿠키 모듬 세트에 대해 생각하고 있었다. '큰일이네. 야노 씨 몸에는 안 맞는 쿠키일 텐데. 어쩌나…….' (헤어질 때 쭈뼛거리며 건넸더니 "하하하. 신경 쓰지 마세요. 저는 못 먹어도 학생들은 기뻐할 테니까요." 하며 흔쾌히 받아 주었다.)

야노 교수는 자연농법을 연구하기 시작했다.

"이상적인 농업의 형태를 찾아내고 싶었습니다. 좋은 방식이 있다면, 그 효과를 실제로 증명해 보이고 싶었어요. 내 역할은 이거구나 싶었죠."

의문의 컨디션 난조가 좋든 싫든 연구의 방향성을 바꿔 놓았다.

살다 보면 정말이지, 생각지도 못한 일들이 여기저기 숨어 있구나 싶다.

야노 교수 말에 따르면, 자연농법과 유기 재배가 더 낫다는 것을 학문적으로 뒷받침하기란 결코 쉬운 일이 아니다. '무농약 채소는 맛있다. 건강에도 좋다.'고 몸으로는 느껴도, 그 맛이나 건강 효과를 측정해 낼 방법이 요원하다. 가령 무경운 토마토밭, 잡초와 함께 키운 토마토밭처럼 몇 가지 차이를 두어 채소를 기르고 그 밭의 흙 성분을 측정해 견주어 보더라도 수치에서 확실한 차이가 나지는 않는다. 게다가 농학 연구비는 대부분이 수확량 증대나 병충해에 강한 품종개량을 위해 투입된다. 자연농법과 유기 재배를 다루는 학자가 드물 수밖에 없다. 선행 연구도 적다. 말하자면 이단 취급이다. 농학부 연구실에서 "이런 채소를 먹어야 건강해진다." 거나 "식물이 기뻐한다."같이 말했다가는 판타지 세계를 살아가는 괴짜라며 웃음거리가 되는 게 흔한 결말이다.

그럼에도 그는 힘차게 나아갔다. 2012년 야마나시대학 생명환경학부 조교수 자격을 얻은 뒤로도 유기 재배에 관한 과학적 접근을 계속했다. 과일의 왕국 야마나시 지역에는 포도와 복숭아를 저농약으로 재배해 보겠다며 씨름하는 농가도 있었다. 그가 하고 있는 연구에 대한 기대도 컸다.

"내도록 흙 속 미생물에 주목했는데, 도무지 정답을 모르겠더라고요. 흙이 아닌 곳에 핵심이 있을 수 있겠다, 그렇게 생각하기 시작한 무렵……."

등장한 것이다. "흙 만들기? 그런 건 개나 줘 버려." 그렇다. 우리가 아는 그 남자. "내가 레전드라니까. 하하하."

도호 마사노리가 등장했다.

도호식 농업과 과학의 교차점을 찾아

2017년, 자연농법을 실천 중인 농가를 둘러보다가 도호 마사노리라는 이름을 처음 들었다. 관심이 일어 나가노에서 열린 강습회에 참가했다. 그때의 첫인상은 이랬다.

"도호 씨가 학술적인 이야기를 할 때마다 '저렇게 단언해도 괜찮을까?' 하는 의문이 들었어요. 특히 '흙 만들기 같은 건 아무 짝에도 쓸데없다.'는 부분에서는 사실 저항감도 꽤 컸죠. '돈벌이'라는 말도 개인적으로는 좀 거슬렸습니다. 게다가 중간 중간 짓궂은 농담이 작렬할 때는 뭐…… 더 이상 못 들어 주겠다 싶더라고요."

하하하. 솔직한 감상평이 반가워 귀가 솔깃한다. 그렇죠. 맞습니다. 여성이 있는 자리에서 짓궂은 농담이라뇨. 안 될 말이죠. 옛날에는 괜찮았을지 몰라도 지금은 안 됩니다.

"그런데 도호 씨가 가지치기를 설명할 때는 맥이 통하며 논리

정연한 게 속이 시원하더라고요. 본인 눈으로 확인한 현상을 바탕 삼아 이론을 조직해 나가더군요. 게다가 제값 받고 팔리는 제대로 된 농작물을 생산하고 있었죠. 그리 간단한 일이 아니거든요. 대단하다 싶었습니다.”

나가노 강습회 뒤 곧바로 기후에서 열린 강습회에도 참가했다. 두 차례에 걸친 강습회를 통해 이야기를 충분히 들은 뒤, 그는 도호 마사노리를 찾아가 담판을 지었다.

“도호 농법을 연구하고 싶습니다. 도와주세요.”

그해 가을부터 도호 마사노리는 틈날 때마다 야마나시를 오가게 됐다. 야노 교수가 중간에서 일정을 정리했다. 과수 농가를 모아 강습회를 열었고 대학 농장에서 가지치기 강습도 했다.

“교수님은 도호 씨의 방식 중 어떤 게 가장 와닿던가요?”

야노 교수는 두 가지를 들었다. 첫 번째는 수형이다.

“나무는 자연스레 자라는 것이 제일 아름답죠. 도호 씨를 만나기 전부터 늘 생각하던 지점이었어요. 나무는 보통 똑바로, 위를 향해 자라려고 합니다. 그 의지대로 자라게 해 주는 것이 가장 이상적인 형태가 아닐까…….”

도호 씨를 만나기 5년 전 야마나시대학에 부임했을 때, 야노 교수는 후지산, 미나미 알프스, 야쓰가다케와 같은 산지에 둘러싸인 야마나시 지역이 무척 마음에 들었다. 그런데 단 하나, 신경 쓰이는 것이 있었다. 부자연스레 가지가 잘려 나간 복숭아나무의 모습이었다. 복숭아꽃이 한꺼번에 피어나는 시기, 어떤 의미에서는 야마나시가 가장 빛나는 한때가 찾아올 때마다 아름답다기보다는 불쌍하다는 생각이 먼저 들었다.

도호 마사노리와 처음 만난 날, 야노 교수는 자기소개를 마친 뒤 야마나시의 복숭아나무를 화제로 꺼냈다. 그러자 그는 곧바로 반응을 보이며 "나무가 불쌍하죠?"라고 대꾸했다.

"아, 이 사람은 나무의 처지에서 생각하는 사람이구나 싶어 무척 기뻤던 게 기억납니다."

여태까지의 교과서는 가지치기의 기본에 대해 이렇게 쓰고 있다. 골격이 되는 가지를 결정하고, 그 골격지가 다른 가지보다 두껍고 튼튼하게 자랄 수 있도록 관리하는 것이 가지치기의 핵심이다. 그런데 때에 따라서는 나중에 자란 가지의 기세가 좋아 골격지의 성장을 넘어서려 하는 때도 있다. 그것을 교과서에서는 '수형이 어지러워진다.'고 표현하고, 골격지보다 강해질 것 같은 가지를 '약화시키는' 전정이 필요하다고 설명한다. 그러나 도호 마사노리는 다르다. '골격지 선정은 전혀 필요 없다. 건강한 가지를 남기는 가지치기만 하면 된다.'는 것이 도호 씨의 방식이다.

"'일부러 약화시키는 전정'과 '건강한 가지를 남기는 전정'. 추구하는 방향이 완전히 반대죠. 도호 씨가 가지치기한 나무는 형태가 자연스럽습니다. 그의 생각은 이런 거겠죠. 수형은 인간이 정하는 게 아니다. 나무 스스로 결정한다."

도호 마사노리는 위로 솟는 가지를 중시한다. 솟는 가지야말로, 나무 스스로 강해지기 위해 똑바로 뻗어 올리는 가지이기 때문이다. 그의 사고방식과 가지치기 방식이 야노 교수의 가슴에 크게 와 닿았다.

"저는 그 말이 옳다고 봐요. 왜냐면 맛있거든요. 솟는 가지를 치지 않고 그가 기른 귤, 진짜 맛있거든요."

그렇게 말하는 얼굴에 웃음이 가득하다. 극히 민감한 체질의, 먹을 수 있는 것이 극도로 한정된 사람이 '맛있다'는 것이니 그 맛은 보증된 게 아닐까.

그이가 공감한 두 번째는 뿌리를 제대로 생각한다는 점이다.

"대부분이 드러난 부분만을 보고 나무의 건강을 판단합니다. 가지치기에 대한 문헌을 뒤져 봐도 뿌리의 생장을 다루는 것은 거의 없어요. 하지만 그는 관점이 달라요. 나무는 뿌리를 건강하게 만들 목적으로 잎을 틔운다고 생각합니다. 그 관점이 중요하다고 생각해요."

야마나시대학에서 도호 마사노리의 강좌를 열었다. 지역 농가가 대거 참가했고 강좌가 끝나자 다들 흥분한 채 자리를 떠났다.

"한동안 도호 씨 이야기로 지역이 시끌시끌했죠. 하지만 실제로 그의 농법을 도입한 농가는 몇 안 되는 수준입니다. 지금까지 해 오던 가지치기를 완전히 뒤집는 데에는 엄청난 용기가 필요하죠. 위험 부담도 크고요. 그러니 더더욱 연구자가 솔선수범해야 합니다. 실험을 거듭하며 그 효과를 수치화해야 한다고 생각해요."

야노 교수가 시작한 실험은 '도호 마사노리의 방식이 가장 좋다.'고 단정 짓자는 게 아니다. 종래의 방식과 도호 마사노리의 방식을 나란히 두고 가늠하는 것, 그 과정에서 식물의 성질과 생장의 법칙을 명확히 밝혀 나가는 것이 최종 목표다.

"언젠가 도호 농법의 데이터가 쌓이면 논문으로 정리하고 싶어요. 그래서 학회에서 발표를…… 실은, 그가 직접 발표하는 게 제일 좋지 않을까, 몰래 생각하고 있답니다. 후후후."

도호 마사노리가 학회에 등장하는 장면을 상상해 본다. 야노 교수와 마주 보며 웃음을 나눈다. 설마 거기서 짓궂은 농담은 못 하겠지. 도호 마사노리 농법이 과학으로 뒷받침된다면 다들 얼마나 놀랄까. 나무는 기뻐하리라. 그날을 즐거운 마음으로 기다린다.

낙농업에서 과수 재배로, 무비료 사과 재배를 모색 중인

마쓰무라 아키오

"나가노현 아즈미노에 마쓰무라 아키오라는 청년이 있는데, 그 사람 이야기도 들어 보면 좋을 거야."

솔직히 말해 도호 씨한테 이 말을 들었을 때만 해도 '나가노에서 사과는 좀…….'이라 생각했다. 이미 나가노에 사는 하야시 씨 일가를 취재한 뒤라서, '나가노 × 사과'는 겹치는 취잿거리였다. 그보다는 시즈오카의 차 재배 농가나 오키나와의 망고 농장을 취재하는 게 다양성 면에서 변주도 꾀할 수 있고 좋지 않을까 싶었다.

하지만 마쓰무라 씨와 만나고 15분도 지나지 않아, 나는 내 보잘것없는 계산이 정말로 보잘것없었다는 사실을 깨달았다. 사람의 인생에 '겹치는 일'이란 있을 수 없다. 다양한 변주를 꾀하고 싶다니, 같잖은 소리다. 사과 농부가 100명 있다면 100개만큼의 변주가 이미 존재한다.

무엇보다, 그가 들려주는 이야기는 재미있었다. 경쾌하게 풀어내는 인생사에 놀라움이 있었다. 게르에 살며 사과 농사를 짓는 하야시 씨와는 또 다른 의미의 놀라움이었다. 게다가 도호 마사노리에게 누차 들었던 '비료의 부작용'을 전혀 다른 각도에서 들을 수 있어서 무척 흥미로웠다.

흐린 오후, 그의 흰색 '왜건R'을 타고 아즈미노의 산과 밭을 둘러봤다. 올 겨울 나가노에 눈이 적었던 탓에, 벌거벗은 나무와 벌판이 그대로 드러난 풍경이었다. 그와 함께하는 동안, 내 머리 속에는 느낌표가 서른 개 정도 찍혔다. 그 사람 이야기를 들어 보라던 도호 마사노리의 촉은 정확했다.

소를 키우며 고민하던 무렵

"고향이 어디냐는 말을 들을 때마다 좀 곤란하더라고요. 어릴 때부터 여기저기 옮겨 가며 살다 보니."

전근을 자주 다니는 집에서 자랐나 했더니 그게 아니었다.

"아버지는 학생운동의 지도부였어요. 나중에는 혼자서 출판사를 세웠고, 지금도 책을 만들고 계시죠. 저희 부모님은 한때 공동체 생활을 하셨습니다. 이상적인 농업을 모색하는 '야마기시회'라는 공동체였는데, 저는 거기서 자랐어요."

환한 얼굴로 담담하게 풀어내는 이야기를 듣다가 "오!" 하며 놀랐다.

"그때 공동체 사람들 중에는 하기 싫은 농사일을 억지로 해야 한다며 싫어하던 사람도 많았습니다. 그런데 저는 즐거웠어요.

---

* 스즈키에서 출시한 하이브리드 경차.

갓 낳은 달걀의 따뜻함, 토마토 열매가 커져 가는 신기함, 그런 게, 그러니까 농업 그 자체가 그냥 좋았거든요."

그는 망설임 없이 농업의 길을 꿈꿨다. 특히 낙농업에 끌려, 10대 후반부터는 미에현, 홋카이도의 대규모 농장을 옮겨 가며 일했다. 거품 경제의 전성기였고, 축산의 세계에서는 번식 기술 개발에 거대한 예산이 편성되던 시대였다. 젊은 마쓰무라 아키오는 현장에서 교배 연구에 몰두했다.

"연구실 샬레에 수정란을 배양합니다. 그걸 어미 소에 이식해서 새끼를 낳게 하는 거죠. 홀스타인 종*에서 와규**를 생산하고, 마블링이 좋은 다지마우시***의 유전자를 이용해 새로운 육우 종을 만들고. 정보를 모으고 여기저기 공부하러도 다니고, 재미가 있었습니다. 축산의 최전선에서 일한다는 자긍심 같은 게 있었죠."

그러나 20대 중반 무렵, 인공수정에 열정을 쏟던 그의 마음에 먹구름이 드리우기 시작했다.

"그때 일은 지금 생각해도 괴로워요."

---

* 독일 홀슈타인이 원산지인 얼룩무늬 젖소.

** 일본 토종 소.

*** 다지마 지역이 원산지인 검은 소.

목소리가 조금 낮아졌나 싶지만 쉽사리 어둠에 휩싸이는 사람은 아니다. 담담한 얼굴로 이야기를 이어 간다.

"봄이 되면 풀을 베서 소를 먹입니다. 그런데, 소들이…… 픽픽 쓰러지는 거예요."

"네에?"

소똥 거름으로 키운 풀의 유독 성분이 불러온 무서운 사태였다. 소를 수천 두 키우는 대규모 목장에서는 매일 엄청난 소똥이 나온다. 날마다 소똥이 무섭게 쌓이니 퇴비로 발효되기까지 기다릴 수가 없다. 그가 일하던 목장에서도 소똥을 거의 생똥 상태(생거름)로 꼴밭에 뿌렸다. 그러면 배설물 안의 질소 성분이 분해되지 못한 채로 풀에 흡수된다. 이때 발생되는 독성 성분이 질산성 질소다. 질소는 식물의 생장을 촉진하는 효과가 있고, 비료의 중요한 구성 요소 중 하나다. 소똥을 뿌린 밭에서는 풀이 당연히 잘 자랄 수밖에 없다. 하지만 질소 비율이 너무 높으면 풀에 흡수된 질소가 유해 물질이 된다.

"당시 축산업계는 그런 원리를 몰랐습니다. 그저 풀을 먹인 소가 이상해진다는 사실만 파악하고 있었죠. 아무래도 비료가 너무 셌던 것 같다, 그 정도만 추측할 뿐이었어요."

소도 처음에는 풀을 먹지 않으려 했다. 그렇지만 먹을 게 그것밖에 없으니 어쩔 수 없었다. 오염된 풀을 먹은 소는 젖이 붓고 열이 나는 유방염에 걸리기도 했고, 배 속에 가스가 차 네 번째 위인 주름위가 엉뚱한 자리로 밀려나는 식으로 심각한 증상을 보였다. 그대로 살려 내지 못한 소도 많았다.

"다른 목장에서는 독한 질소 성분이 땅 속에 스며든 경우도 있었습니다. 지하수가 오염된 거죠. 그 물밖에 먹은 게 없는데 소가 쓰러졌다는 이야기도 들었습니다. 사람은 정수기 물을 마시면 되지만 소는 하루에도 몇십 리터나 그 물을 마셔야 하니까요."

처음 듣는 이야기에 압도되어 할 말을 잃었다. 그가 조수석을 흘깃 보더니 혼잣말처럼 한마디를 더 보탰다.

"면역력이 약한 새끼들이…… 더 취약했죠."

소가 좋아 소를 키우던 사람에게는 견디기 힘든 나날이었을 것이다.

"이런 게 내가 하고 싶던 축산이었나? 그건 아니라는 생각이 들었습니다. 스물일곱에 결혼했는데, 이런 일을 하며 아내를 행복하게 해 줄 수는 없겠다는 생각도 들더군요."

그는 홋카이도의 한 목장에서 데루미 씨를 만나 결혼했다. 두 사람은 홋카이도와 소에게서 멀어져, 새로운 삶을 모색하기로 했다.

참고로, 그 이후 '가축배설물법'이 제정됐고 분뇨를 밭에 야적할 수 없게 됐다. 가축 머릿수에 맞는 퇴비장과 같은 관리 시설을 만들도록 하는 법 규제도 생겼다. 최근에는 분뇨에서 나오는 바이오 가스를 이용해 발전하는 기술도 실용화되고 있다.

"그때 만일 소똥이 에너지가 된다는 걸 알았다면 어땠을까요? 어쩌면 아직까지 소를 키웠을지도 모르겠네요. 하하하."

인생의 변곡점은 참으로 절묘하게 설계되어 있다. 소를 키우다 사과 농사로 전향하게 된 우여곡절은, 십수 년 뒤 도호 마사노리의 무비료 재배와 만나 커다란 의미를 지니게 된다.

비료의 무서움을 알게 되다

2000년, 마쓰무라 씨 부부는 새로운 땅 나가노로 이주했다. 일단은 아즈미노의 목장에서 숙식 제공 일자리를 찾았다. 어디까지나 다음 선택을 위한 중간 과정이었다. 소 키우는 일에서 손을 떼고 뭔가 다른 일을 시작하자고 생각했다.

"그해 겨울, 친한 동네 농부한테 사과를 받았습니다. 비료를 거의 쓰지 않고 키운 사과! 그게 너무 맛있었어요. 이런 사과는 처음 먹어 봤다 싶어서 순식간에 꽂혀 버렸죠. 이런 맛을 내는 사과라면 일생을 걸어도 좋지 않을까 하고요."

아내 데루미 씨에게 말을 꺼냈다.

"사과 농사 어때?"

아내의 첫마디는 이랬다.

"사과라…… 나는 과일 중에 복숭아가 제일 좋은데."

그 말에 곧바로 결심했다. '좋아! 사과랑 복숭아 농사를 짓자!'

2년 동안 택배 배달로 돈을 모았고 2003년, 마쓰무라 아키오는 사과와 복숭아를 주축으로, 밭농사도 조금 짓는 농부가 됐다.

처음에는 비료의 무서움을 그렇게까지는 몰랐다. 그 무렵만 해도 소의 죽음과 비료의 상관관계가 명확히 밝혀지지는 않은 상태였다. 일단 화학비료는 피해 닭똥을 쓰기로 했다. 하지만 어느 날, 비료의 힘이 생각 이상으로 무섭다는 사실을 알게 됐다.

"밭에 닭똥을 뿌릴 때, 일단은 한곳에 전부 쌓고 거기서부터 밭 전체로 뿌려 나가거든요. 아무래도 닭똥을 쌓아 둔 자리에 질소 성분이 진할 수밖에 없죠. 거기에 소송채* 같은 걸 심으면 어마어마하게 잘 자랍니다. 그런데 또 벌레가 어마어마하게 껴요. 양배추 같은 걸 심었다가는 벌레 구멍이 다다다, 난리가 나죠."

벌레는 비료를 잔뜩 먹은 채소를 좋아한다. 그는 이 사실을 경험으로 배웠다. 만약 살충제 없이 키우고 싶다면 비료를 포기하는 결단부터 내려야 한다.

---

* 유채과의 녹황색 잎채소. 일본에서는 겨울철 국거리로 많이 쓰인다.

"여깁니다."

운전석에서 그가 창밖을 가리킨다.

"여기 주변이 아즈미노에서 제일 지대가 낮아요."

자동차는 어느새 길을 벗어나 겨울 밭 한가운데를 달려 나간다. 해오라기 몇 마리가 구름이 낮게 깔린 하늘을 가로질러 난다.

"지대가 낮을수록 지하수 오염도가 높아요. 질산성 질소 수치가 높거든요."

마쓰모토 분지에 속한 아즈미노는 사방이 산으로 둘러싸여 있다. 그래서 둘레의 과수원과 논, 밭에서 사용하는 비료의 질소 성분이 땅에 스며들어, 지대가 낮을수록 오염 농도가 높아지게 된다. 아즈미노는 예부터 물이 좋은 고을로 유명하고 와사비 재배, 무지개송어 양식처럼 물을 써야 하는 산업이 뿌리내린 지역이다. 지역민은 물 오염에 민감할 수밖에 없다. 최근 들어 비료로 인한 수질오염이 아즈미노에서 큰 문제로 떠오르고 있다.

"아마 아즈미노에 살지 않았다면 비료가 무섭다는 걸 이 정도까지 깨닫지는 못했을 겁니다. 질소와 수질오염 이야기를 듣고는 '아!' 싶더군요. 그때 쓰러진 소들이 떠오르면서…… 역시나……."

아즈미노에서 농사를 짓고 얼마 지나지 않아, 그의 내면에서 여러 가지 것들이 연결되어 나갔다. 꼴을 먹고 쓰러진 소들, 닭똥을 쌓은 곳에 심은 작물에 몰려드는 해충들, 아즈미노시가 골치를 썩는 지하수 오염 문제…… 그것들이 모여 하나의 사실을 고하고 있었다. 비료를 쓰지 않는 농사여야 한다! 화학비료는 안 되고 유기비료는 괜찮다는 이야기가 아니다. 그게 어떤 비료든 비료는 문제를 일으킨다. 그 사실 하나만은 확실하다 싶었다. 그러나 이상과 현실 사이를 깊은 강이 가로막고 있었다.

"비료를 줄이니까 확실히 해충 피해는 가볍게 넘어가더군요. 그런데 거름기가 모자라니 사과 열매가 커지지 않았습니다. 게다가 나무가 점점 약해져 가지의 생장도 멈춰 버렸고요."

그럼에도 비료에 기대고 싶지는 않았다. 공부를 하면 할수록 비료의 부작용만 눈에 들어왔다. 흙을 딱딱하게 만들고, 온실가스를 발생시키고, 농작물도 쉽게 상하고, 쓰고 아린 맛도 다 비료가 원인이다. 하지만 사과가 이런 상태라면 상품 가치가 없다.

"오륙 년은 초조했어요. 고독했죠. 출구가 보이지 않아서요."

어두운 내용과는 반대로 그의 어투는 시종일관 밝았다. 질소 성분이 없는 왕겨를 흙에 섞어도 봤다. 이후로도 시행착오는 거듭됐다.

"아무리 생각해도 비료는 그만두는 게 맞는데, 어찌해야 좋을지 미치겠더라고요."

그 무렵, 도호 마사노리가 아즈미노에 나타났다.

나무가 가르쳐 준 답

2016년 9월, '자연 재배 전국 보급회'의 중부 지역 모임이 아즈미 노에서 열렸다. 그 모임에 도호 마사노리가 강사로 초빙됐다.

"이야…… 뭐, 강의를 듣고 깜짝 놀랐죠!"

마쓰무라 씨는 환하게 웃으며 그날의 충격에 대해 이야기했다. 그가 털썩 주저앉을 만큼 놀란 내용은 가지치기였다. 가지가 위로 뻗으면 식물호르몬이 활성화되어 거름 같은 게 없이도 나무가 건 강해진다는 내용이었다.

"처음 듣는 이야기였어요! 자연 재배 쪽에서 식물호르몬을 다루 는 사람은 한 사람도 없었거든요. 물론 저도 솟는 가지를 댕강 댕강 치는 전정을 했죠. 그러면서 퇴비 생각만 했으니 잘될 턱 이 없었던 겁니다."

그날 아즈미노에는 비가 내렸다. 강의가 끝나자 날도 완전히 저 물어 있었다. 강습회장을 나선 그는 흥분이 가시지 않은 채 사과 밭으로 차를 몰았다. 9월의 비가 차창을 세차게 두드렸다. 비가 오든 말든, 집에 가기 전에 자신이 키우던 나무가 보고 싶었다.

"그해는 비가 잦았고, 비가 잦으면 사과 잎에 곰팡이 병이 잘 생 깁니다. 게다가 우리 밭은 살균제 양을 줄인 터여서 병에 제법 시달렸어요. 아직 9월인데도 잎이 떨어지기 시작했죠."

사과 품종은 후지, 수확까지 아직 2개월이 남았다. 최대한 거둘

때까지 잎이 버텨 주길 바랐다. 그렇게라도 광합성을 해 줘야 사과에 맛이 든다. 예상보다 잎이 빨리 떨어지는 바람에 그해의 사과 맛은 신통찮을 듯했다.

"어쩔 수 없다, 올해 사과는 별로겠다, 이미 포기한 상태였어요. 그렇지만 도호 씨 이야기를 듣고 가슴이 뜨거워졌고, 우리 밭 나무를 보고 싶다는 생각이 든 거죠."

갓길에 차를 세우고 비를 맞고 서 있는 사과나무를 바라보았다. 그런데…….

"어? 어?"

그는 자기 눈을 의심했다. 지금껏 보지 못했던 게 보였다. 아래로 뻗은 가지는 잎이 떨어지고 있었지만 위로 뻗은 가지는 잎이 전부 남아 있었다. 방금 전 도호 씨한테서 '솟는 가지가 나무를 강하게 만든다.'고 배운 참이다. 자신이 키우던 사과나무가 그 가르침과 꼭 같은 모습을 하고 있는 게 아닌가. 긴 비도 같이 맞았고, 곰팡이균에도 같이 당했는데 아래로 뻗은 가지와 위로 뻗은 가지의 상태가 전혀 달랐다.

"아, 나무가 말하고 있었는데…… 똑바로 알려 주고 있었는데……!"

혼자 밭에 서서 내도록 가슴이 뜨거웠다고 했다.

"그날, 나무한테 사과했어요. 미안합니다, 몰라봐서 정말 미안

합니다, 하고 말이죠.”

그는 나를 사과밭에 데려갔고, 수줍게 그날 밤을 재현하며 나무에게 머리를 숙였다.

답은 언제나 나무가 가르쳐 준다. 그런데 대부분의 인간은 그것을 헤아릴 힘이 없다. 마쓰무라 씨 정도로 농업에 깊이, 그리고 성실히 임해 온 사람도 나무의 답을 읽어 내기란 쉬운 일이 아니다.

“비료를 치지 않겠다, 농약을 치지 않겠다, 자기만족을 위해 그것을 억지로 관철하려고 해 봤자 나무는 절대 내 생각대로 되지 않아요. 자신의 에고에 휩싸여 있다면 나무를 제대로 보아 내지 못합니다. 정말로 부끄러운 이야기이죠.”

이 이야기를 전해 들은 도호 마사노리는 팔뚝을 눈언저리에 갖다 대며 “감동적인 이야기네.” 하며 우는 시늉을 했다고. 하하하.

그날 이후 마쓰무라 씨는 가지치기 방식을 바꿨다. 그리고 올해로 3년, 500여 그루 사과나무는 눈에 띄게 건강해졌다. 비료 없이도 수확량과 맛 두 가지 면에서 모두 납득이 가는 결과를 얻었다. 무엇보다, 더 이상 헤매지 않아도 된다는 게 컸다. 이 방식이 나무가 준 대답이다, 이렇게 생각하게 됐다는 게 그의 마음을 환하게 밝혔다.

“아무리 좋은 마음으로 열심히 농사일을 한대도, 자신의 행위가 무언가를 망가뜨린다는 걸 알면 자긍심을 갖고 해 나가지는 못

할 겁니다."

생각해 보니 그게 제일 괴롭더라고 했다. 같은 고민을 품고 있
는 농부가 있다면 함께 공부하며 도호 농법을 익혀 가고 싶다. 그
런 마음으로 마쓰무라 씨는 지역에서 공부 모임을 열고 있다.

"아직 몇 명 안 되지만, 열심히 해야죠. 도호 씨가 그러더군요.
'마쓰무라 군. 자네가 돈 많이 버는 걸 보여 줘야 해. 벤츠까지
타라고는 안 할게. BMW 정도는 타 주라고.' 하하하."

왜건R에 올라타 역으로 출발한다. 긍지를 갖고 할 수 있는 농사,
돈이 되는 농사. 그 둘이 갖춰진다면 농업의 미래는 밝다.

돌아가는 기차 안에서 선물로 받은 사과를 먹었다. "껍질째 먹
을 수 있다기보다, 껍질 부분이 더 맛있다."던 말을 떠올리며 그대
로 한 입 깨문다. 마쓰무라 씨가 인생을 걸고 키워 낸 사과의 맛을
천천히 느껴 본다. 가히 그 맛은 최고였다.

야마다 준

2월의 어느 토요일, 도쿄 아오야마에 초봄의 햇살이 반짝반짝 쏟아진다. 와인 파티 장소는 가이엔니시도리에 위치한 한 레스토랑. 살짝 긴장한 채로 문을 여니 "어서 오세요. 잘 오셨습니다." 하며 야마다 준 씨가 반갑게 맞는다. 야마다 준 씨는 와이너리의 대표이자 오늘 파티의 주최자다. 양복 대신 걸친 빨간 스웨터에서 축하 분위기가 물씬 난다.

그가 한 테이블로 나를 이끈다. 이미 중년 남자 몇몇이 앉아 있다. 들어 보니 전기통신 사업 쪽 전문가 아니면 기술자, 그쪽 계통 분들이다.

"야마다 씨와는 이제 한 30년쯤 되려나?"

남자들이 웃으며 야마다 씨와의 세월을 더듬는다. 그랬다. 그도 예전에는 전기통신 쪽 전문가였다. 세계를 두루 돌며 통신사업 최전선을 누빈 이력의 소유자.

이윽고 모두의 잔에 차가운 화이트 와인이 채워진다. 작년 가을 수확한 포도로 만든, 따끈따끈한 신상품 와인. 이 포도주야말로 오늘 파티의 주인공이다. 자, 건배! 오, 신선한 신맛이 입안에 퍼진다. 그러면서도 맛에 깊이가 있다. 파티장 곳곳에서 탄성이 터진다.

"크으, 조옿다아!"

야마다 씨 얼굴에 안도의 빛이 스친다. 그의 와이너리 경력은 이제 겨우 2년 차. 시작한 지 얼마 안 됐다. 전기통신과 포도. 완전히 다른 세계에서 살던 그는 어떻게 포도밭의 남자가 됐을까?

전기통신 공학에 빠져 있던 때

야마다 씨는 1956년 후쿠시마현 후쿠시마시에서 태어났다.

"어릴 때부터 납땜질, 무선 기술 같은 걸 엄청 좋아했어요."

말하자면 뿌리부터 '일렉트릭 덕후'였던 정통파. 그 길을 묵묵히 걸어 나간 정통파 소년은 도쿄대학 공학부 전기전자공학과를 졸업하고 '마쓰모토 통신공업'(지금의 '파나소닉 모바일 커뮤니케이션즈')에 입사한다.

때는 바야흐로 휴대전화 개발 경쟁의 한가운데였고, 야마다 씨는 카폰 개발과 제조, 판매 관련 부서에서 일을 했다. 지금처럼 휴대전화가 일상화되기 직전, 정치인이 타던 하이어*나 24시간 세계를 상대하는 기업의 업무용 차량에 카폰이 보급되던 시절이었다. 당시를 돌아보는 그의 얼굴에서, 급성장하는 현장의 전투적이던

---

*기사 딸린 전세 차량.

나날에 대한 향수와 자부심이 느껴진다. 그는 18년 정도 파나소닉에서 일한 뒤 '퀄컴'이라는 미국 기업으로 옮겼다.

"휴대전화 단말기와 기지국은 전파 신호를 끊임없이 주고받는데, 그 전파 신호에 더 많은 정보를 탑재하는 효율적인 기술을 퀄컴이 가지고 있었습니다. 그 기술에 매료됐지요. 세계에 퍼트릴 가치가 있는 기술이라 생각했습니다. 퀄컴은 아직 작은 회사였고, 솔직히 언제 어떻게 꼬꾸라질지 모르는 회사였어요. 파나소닉의 동료들은 '앞으로 어떻게 될지 모르는 외국계 기업으로 가다니 이해가 안 된다.'고 생각했을 겁니다. 하하하."

천하의 파나소닉을 그만두다니 아깝다고 생각한 사람도 많았을 것이다. 그러나 그는 '하고 싶은 일을 한다.'는 자신의 생각을 관철했다. 캘리포니아주 샌디에이고의 퀄컴 본사와 일본을 오가며 일본 법인 설립을 총괄했고 나중에는 퀄컴 재팬의 대표가 됐다.

"사업은 순조롭게 흘러갔어요. 무척 흥미진진한 일이었습니다."

과거를 되짚는 그의 얼굴에 미소가 가득했다. 평온한 표정 그대로 다음 말을 이어 나갔다.

"그리고 2011년, 동일본지진과 핵발전소 폭발 사고가 일어났습니다."

후쿠시마에 탈핵 전력회사를 세우다

후쿠시마 제1 원전 사고는 후쿠시마 출신인 야마다 씨의 인생을 크게 흔들었다.

"그때 어머니가 고리야마에 혼자 살고 계셨어요. 지진 직후, 요코하마의 저희 집으로 모셨고 상황이 좀 안정된 뒤 고리야마로 돌아가셨죠. 그 뒤로 제가 후쿠시마의 본가를 자주 오가는 생활을 하게 됐습니다."

당시 후쿠시마에서는 지역민과 외부의 지원자가 모여 재난 구호와 지역 부흥을 위해 할 수 있는 일이 뭐가 있을지, 온 힘을 다해 모색하고 있었다. 그때 만난 사람이 사토 야우에몬 씨였다. 에도 시대부터 대대로 내려온 술도가 '야마토가와 양조장'의 9대 사장으로, 리더십과 행동력이 뛰어났고 무엇보다 '하고 싶은 일을 한다.'는 자세 면에서 야마다 씨와 닮은 면이 많은 사람이었다.

"뭔가 야우에몬 씨와는 파장이 잘 맞았어요. 처음부터 그랬어요. 하하."

후쿠시마 핵발전소 사고 탓에 토지가 소실됐고 산업이 사라졌다. 고향을 떠나야 했던 '원전 난민'은 16만 명에 달했다. 민관 양측에서 다양한 지원이 있기는 했으나, 지역에서 제대로 산업을 일으키지 않으면 미래는 없다는 점에서, 둘의 의견이 일치했다. 미래의 후쿠시마를 위해 뭔가 해 보자, 의기투합했다. 자, 뭘 할 것인

가. 야우에몬 씨와 야마다 씨가 내린 대답은 다음과 같았다.

"탈핵 전력회사를 만듭시다!"

멋있다. 멋있어도 너무 멋있다.

"전기가 어디서 어떻게 만들어지는지, 우리는 전혀 모르고 살았습니다. 그 사고가 일어나기 전까지는요."

야마다 씨는 전력회사를 만든 배경을 그렇게 설명했다. 후쿠시마의 거대한 핵발전소가 수도권의 삶을 지탱했다는 것도, 단 한 번의 폭발이 이런 참사를 불러온다는 것도 전혀 모르고 살았다. 애초에 전기란 무엇인가? 어떻게 만들어지는가? 의문은 점점 근본적인 것이 되어 갔다.

"전기라는 걸 제대로 알고 싶었습니다. 그렇다면 우리가 만들어 봐도 좋지 않을까? 생각하게 된 거죠."

이 대목에서 '전기를 만들어 보자.'는 발상을 했다는 게 놀랍다. 이런 게 '정통파 일렉트릭 덕후 소년'의 뇌 구조인걸까.

마침 2012년 7월, 재생에너지 보급을 위해 '고정가격매매제도'가 법제화된 것도 컸다. 고정가격매매제도란 태양광, 풍력, 수력, 지열, 바이오매스로 생산한 전기를 국가가 정한 고정 가격으로 전기 사업자가 일정 기간(기본은 10년~20년) 매입하도록 의무화한 제도다.

"이 제도를 이용하면 사업이 되겠다 싶었습니다. 동료 중에 지붕용 태양광 패널 설치 사업을 하는 사람도 있었고, 좋아, 일단 해 보자, 그렇게 됐죠. 결정에 그리 긴 시간이 걸리지는 않았습니다."

2013년 8월, 야마다 씨는 '아이즈 전력 주식회사'를 설립했다. 누리집을 열면 '에너지 혁명을 통한 지역의 자립'이라는 창사 이념이 소개되어 있다. "후쿠시마의 탈핵은 이데올로기가 아니다."라는 문장도, 강하고 무겁게 가슴을 울린다. 초대 대표는 야우에몬 씨가 맡았다. 당시 야마다 씨는 퀄컴 재팬에 적을 둔 채로, 전혀 다른 두 사업을 넘나드는 상황이었다.

"눈 깜빡할 새에 7년이 흘렀어요. 처음에는 태양광부터 시작했습니다. 그러다 소수력발전*이라면 산간 지역에서도 가능하지 않을까? 목재 자투리를 활용한 바이오매스 에너지는 어떨까? 풍력발전도 해 볼까? 하는 식으로 사업을 확대해 나갔습니다."

지금은 야마다 씨가 대표직을, 야우에몬 씨가 회장직을 맡고 있다. 직원은 여남은 명쯤 된다. 아이즈 전력에서 생산한 전기는 모두 '도호쿠 전력'의 송전선에 연결해 판매한다. 회사는 흑자 경영을 이어 가고 있다. 아이즈 전력의 당면 과제는 20년으로 정해진 고정 가격 매매 기간이 끝난 뒤, 이 발전소를 지역에서 어떻게 활

---

* 산간벽지의 작은 계곡, 폭포수 낙차를 활용한 발전 방식.

용하느냐는 점이다. 미래를 위해 시작한 프로젝트이니만큼 현재의 흑자에 만족할 수 없다는 게 야마다 씨의 생각이다.

"그렇다고 우리가 딱히 거대하거나, 효율적인 것을 추구하려는 건 아니에요."

규모와 효율 측면과는 확실히 선을 긋고 싶다고 했다. 아이즈 전력에는 88개 발전소가 있고(2020년 3월 기준) 총 발전량은 6.1메가와트다. 세상에는 단 한 개의 발전소로 전력을 10메가와트 넘게 생산하는 대규모 태양광 발전소도 있다. 그러니 88기의 합계가 6.1메가와트라면, 얼마나 작은 규모의 발전소가, 얼마나 여러 곳에 흩어져 있을지 감이 온다. 이런 방식을 '소규모 분산형 발전'이라 한다.

"물론 경제 효율 면에서는 거대한 발전소를 하나만 만드는 게 나을 겁니다. 그런데 지역 곳곳에 작은 발전소를 여러 개 만들면 자연에너지란 어떤 것인지 알릴 수 있는 기회가 늘어납니다. 게다가 만약 20년으로 설비투자가 회수된다면, 이후로는 전기료 걱정 없는 작은 지역들이 곳곳에 생길지도 모르죠. 그러면 재밌어지지 않을까요?"

거대한 발전소, 집약형 발전소, 고효율 발전소를 추구하고, 추구하고, 추구한 끝에 만들어 낸 발전소가 핵발전소다. 아이즈 전력은 그와 정반대의 길을 가고 있다.

전기 다음에는? 와인을 만들자

기타가타시의 고원에는 '오구니 태양광 발전소'가 있다. 아이즈 전력에서 가장 규모가 큰 태양광 발전소다. 그 둘레로 경작을 포기한 농지가 펼쳐져 있다. 원래는 다랭이논을 만들기 위해 개간했던 땅이다. 한때는 논으로 썼고 메밀을 심어 기르던 때도 있었으나 딱딱한 점토질 흙이 농사에 맞지 않는 데다가 과소화°가 진행되면서 그대로 방치됐다.

"땅이 너무 아깝다. 여기서 뭐라도 해 볼까?"

아이즈 전력 팀에서 자연스레 말이 나왔다.

"포도밭은 어때? 그래서 와인을 만든다면?"

예부터 기타가타에는 술도가가 많았다. 물과 쌀이 풍부해 에도 시대 초기부터 양조업이 발달했고, 많을 때에는 양조장이 30개나 됐다. 지금도 11개 양조장이 성업 중으로, 야우에몬 씨의 야마토가와 양조장도 그중 하나다. 술 말고도 된장, 간장 같은 발효 식품 제조의 뿌리도 깊고 맥주 원료인 홉도 오랜 세월 재배해 온 지역이다.

"지역의 지혜를 결집한다면 와이너리도 가능하겠다, 다들 분위기가 달아올랐죠."

° 출생율이 떨어지고, 젊은 인구가 빠져나가 지역 산업을 유지하기 어려워지는 현상.

팀 내부에 경험자는 없었다. 하지만 밑바닥부터 시작해 전력 회사를 만들어 낸 팀이었으니 겁날 것도 없었다. 일단은 포도 재배 전문가와 와인 제조 전문가를 영입해 1부터 10까지, 차근차근 배워 나가는 작전을 쓰기로 했다.

와인 제조는 '레스카르고 와이너리'의 대표, 아베 무네키 씨가 도와주기로 했다. 이웃한 니가타현에서 내추럴 와인*으로 평판이 자자한 와이너리다. 그리고 포도 재배 쪽 전문가로는…….

"동료 하나가 찾아냈어요. 과일 재배 쪽에 재밌는 전문가가 있던데, 그쪽에 부탁해 보면 좋을 것 같다며."

드디어 등장! 동료가 찾아낸 전문가가 바로 도호 마사노리였다. 2015년 봄, 아이즈 전력의 요청으로 그가 기타가타를 찾았다.

"그러고 보면 대단하다 싶은 게, 농사에서는 우리가 아마추어였 잖아요? 그런 우리의 부름에 응해 멀리까지 와 준 걸 보면, 도호 씨도 참 특이한 사람이다 싶습니다. 하하."

야마다 씨는 그날 처음 들은 농업 이론에 완전히 빠져들었다.

"무슨 말인지 알겠다 싶고, 납득이 갔습니다. 하긴 뭐 그때는, 다른 방식을 아예 모르기는 했습니다만. 하하하. 아무튼 도호 방식으로 충분하다 싶었고, 기타가타에서 포도를 재배할 수 있게

---

* 포도 재배부터 양조 과정, 병에 넣는 일까지, 가능한 자연에 가까운 방식으로 만드는 와인.

도와주십사 부탁을 드렸습니다."

그런데 한 가지 문제가 있었다. 와이너리 기획을 시작한 지 얼마 안 된 상황이라 충분한 보수를 지불할 자금력이 없었다. 그 취지를 전하자 도호 마사노리가 씩 웃으며 말했다.

"사실 포도는 저도 처음입니다. 그래도 걱정은 없는 게, 귤이든 포도든 원리는 같단 말이죠. 반드시 잘될 겁니다. 제 식으로 포도를 키워 볼 좋은 기회이기도 하니까, 평소보다 적은 보수여도 맡아 보도록 하지요."

2015년 가을, 도호 마사노리의 지휘 아래 첫 포도 묘목을 심었다. 우선은 2헥타르짜리 작은 밭부터 시작했다. 그 땅이 포도에 적합한지 어떤지도 몰랐다. 야마다 씨와 동료들은 묘목 한 그루, 한 그루 기도하는 마음으로 심었다. 뒤로도 도호 마사노리는 기타가타를 정기적으로 오갔고 포도 기르는 법을 자세히 가르쳤다.

2016년, 야마다 씨는 와이너리 사업을 위해 '아이 프로덕트 주식회사'를 설립했다. 현재 그는 아이즈 전력과 아이 프로덕트, 두 회사의 대표직을 맡고 있다. 참고로, 아이 프로덕트의 '아이'가 한자로 '애愛'가 아닐까 생각했지만 '아이즈 전력'에서 따온 '아이'라고 했다.

---

* 사랑을 뜻하는 愛를 일본어로는 '아이'라 읽는다.

포도밭을 도호 농법으로

어린 포도 나무가 열매를 맺기까지는 몇 년이나 걸린다. 그 사이 이런저런 갈등도 있었다.

"얼마쯤 지났을까요? 겨우 여유가 생겨 다른 농장과 와이너리를 돌아볼 수 있었습니다. 그때 처음 알았죠! 우리 방식이 일반적인 방식과는 전혀 다르다는 사실을!"

그 말에 큭큭 웃고 말았다. 도호 방식을 도입한 농가의 대부분은, 그것이 기존 방식과 얼마나 다른지 이해한 상황에서 과감한 결단으로 방향을 전환한다. 그런데 야마다 씨와 동료들은 기존 지식이 전무한 상태에서 도호 방식을 만났다. 시간이 지나고 여기저기 둘러본 뒤 자신들이 얼마나 외떨어진 농사를 짓고 있는지 비로소 깨달았던 것이다.

"다른 포도밭들은 말이죠, 몸통 끝에서 가지가 예쁘게 두 줄로 뻗어 나가 있었습니다. 이파리 사이로 하늘도 드문드문 보이고, 누가 봐도 포도밭이구나 싶고, 보기 좋은 밭이더란 말이죠."

부러워하는 말투에 다시 한 번 큭큭큭.

"그런데 우리 밭은 가지가 되도록 위로 뻗도록 한데 묶어 놓았고, 뻗어 나가면 뻗어 나가는 대로 가지치기도 안 했습니다. 이파리는 복잡할 만큼 빽빽했죠. 이래서 진짜 괜찮을까? 그런 생각이 들더라고요."

도호 마사노리는 귤나무에서 터득한 '묘목 묶기'와 '솟는 가지 중
시'를 포도밭에도 그대로 도입했다. 하지만 다른 밭을 견학하고
온 포도밭 담당자들은 마음이 급했다. 하루라도 빨리 열매를 맺었
으면 하는 마음에 나무에 뭐라도 하고 싶어졌다. 그럴 때마다 도
호 마사노리에게 "쓸데없는 짓 하지 말라."며 혼이 났다고 했다.

이파리가 너무 무성해 걱정스러워진 담당자가 가지를 살짝 치
려하자 도호 마사노리 왈,

"안 잘라도 됩니다!"

점토질의 딱딱한 흙을 조금이라도 부드럽게 해 주면 뿌리가 잘
자라지 않을까 싶어 땅을 일구자 도호 마사노리 왈,

"뿌리가 딱딱한 데 닿아야 식물호르몬이 나온다고 했을 텐데요.
전부 원상 복귀!"

포도는 덩굴성 식물이니 덩굴 끝을 철사로 감아 두면 좋다는 정
보를 듣고 그렇게 했더니 도호 마사노리 왈,

"이런 최악의 방식을 도대체 누가…… 전부 원상 복귀!"

야마다 씨는 웃으며 회상했다.

"다들 점점 깨달아 갔어요. 우리 밭이 상당히 특이한 밭이라는
사실을요. 그러니 일반적인 밭을 참고해도 아무 의미가 없다는
걸 알게 된 겁니다. 솔직히, 저 역시도 반신반의였습니다. 이제
와서 되돌릴 수도 없는 노릇이니 도호 씨를 믿고 전진할 수밖에

없다, 마음먹었죠.”

비료는 전혀 치지 않았다. 농약은 조금 썼다. 인간들의 초조한 마음과는 달리 나무는 무럭무럭 잘도 자랐다. 묘목을 심고 만 3년이 지난 2018년 가을, 드디어 첫 수확을 했다!

“따 놓고 보니 정말 양이 적었습니다. 레스카르고의 아베 씨한테 가져가 술을 담갔죠. 병에 담고 보니 50여 병. 포도주로서 맛은 나쁘지 않다, 가능성이 있다는 걸 확인했어요.”

그리고 2019년. 와인 제조 2년 차에는 500병 남짓한 포도주를 얻었다. 전해 대비 10배의 수확량이다. 와인 파티 때 시음했던 바로 그 포도주로, 맛과 향이 뛰어나 정말 맛있게 마셨다.

“그랬다니 정말 다행입니다! 사실, 지금도 그의 방식이 100퍼센트 맞는지, 잘 모르겠단 말이죠. 하하하. 그래도 결과가 나왔고, 이걸로 충분히 승산이 있다는 느낌도 받았습니다. 앞으로도 도호 씨 방식으로 해 나갈 생각이에요.”

그는 열정적으로 일을 추진하는 동시에 이성적으로 상황을 주시할 줄 아는 사람이다. 통신 사업에 매진할 때도, 전력회사를 세울 때도 아마 그는 그렇게 인생을 개척해 왔을 것이다. 내년부터는 포도밭을 더 늘리고, 양조 허가를 얻어 자사에서 와인을 생산할 수 있도록 태세를 정비해 나갈 예정이라 했다.

“어릴 때부터 무언가를 만들어 내는 게 좋았거든요. 그때가 제일 즐겁습니다.”

그가 마지막으로 했던 말이 인상 깊이 남았다. 전기도, 밭도, 와인도 ‘무언가’였기 때문이다.

자, 마지막으로, 분위기가 무르익은 와인 파티 현장으로 되돌아가 보자. 거기서 무척 흥미로운 이야기를 들었다. 와인 제조를 도왔던 레스카르고의 대표, 아베 씨 이야기다.

“도호 씨의 방식에 감화되어 저희 밭도 과감하게 방식을 바꿨죠!”

2년 전까지 그는 흔히들 하는 방식으로 포도나무를 관리했다. 몸통 끝에서 가지 두 개를 벌려 길러 가는 방식이다. 그런데 기타가타에서 펼쳐지는 도호 농법을 지켜보다가 ‘포도나무가 건강하려면 저 방식이 맞겠다.’는 생각을 하게 되었다. 이미 10년 넘게 크게 자란 가지 한쪽을 과감히 잘라 낸 뒤 도호 방식을 따랐다.

“결단력이 대단하시네요! 그래서 어떻게 됐나요?”

“결과적으로, 가지는 절반이 됐지만 수확량은 두 배로 늘었습니다!”

“오오!”

아베 씨와 놀라운 이야기를 나누는데 그날의 주최자 야마다 씨가 다가왔다.

"아베 씨네 포도밭 이야기도 재밌죠? 어쩐지 여기저기 다들 재

밌어진단 말이죠. 하하하."

포도 덩굴은 쑥쑥 뻗어 가고 사람과 사람은 이어져 나간다. 재

밌는 일에는 끝이 없다.

우리 엄마는 옛날부터 무첨가나 유기 재배에 까다로운 사람이었다. 그 영향을 받아 두 살 아래 남동생도 염화나트륨만 남은 정제 소금이나 유전자 변형 사료를 먹인 미국산 소고기 따위를 완전히 배제한 식생활을 하고 있다. 덕분에 나도 무농약 쌀, 유기농 된장, 저온살균 우유가 맛있다는 걸 잘 안다.

하지만 솔직히 말해, 평상시 내가 음식을 대하는 의식 수준은 상당히 낮다. 기본적으로 귀찮은 데다가 아이도 없고 경제력도 없다. "유기농, 좋지." 같은 말을 하면서도 실제로는 내 몸과 환경에 나쁠 것 같은 것들만 주야장천 먹고 있다. 아마 내 몸은, 유전자 변형 콩과 성장호르몬을 투여한 소고기로 만들었으리라 추정되는 값싼 술집의 고기두부조림이나, 농약 범벅으로 대량 재배한 포도가 아니라면 실현 불가능할 가격의 싸구려 와인 같은 걸로 이루어져 있을 거다. 슬프게도.

자, 정신 차리고 본래 주제로 돌아가 보자. 화학비료나 농약에 회의적인 농업은 언제부터 시작된 걸까? 그걸 조사하다 보면 반드시 오카다 모키치라는 이름과 만나게 된다. 원래 그는 무신론자였다. 그런데 아내와 자식을 잇달아 떠나보내며 신앙에서 구원을 찾게 됐고, 결국엔 본인이 세계구세교라는 종교를 창건해 1대 교주가 됐다. 그리고 1935년, 무농약과 무비료를 바탕으로 하는 새로운 농업을 제창했다.

또 한 사람은《짚 한 오라기의 혁명》이라는 책으로 유명한 후쿠오카 마사노부다. 사진을 보니 흰 턱수염을 길게 늘어트린 수행자 같은 모습을 하고 있다. 요코하마 세관의 식물검역과 연구실에서 일하던 평범한 청년이었으나 병을 얻어 생사를 헤매던 끝에 '이 세상에는 아무것도 없다.'는 깨달음을 얻고 무경운·무비료·무농약, 무제초를 추구하는 농부가 됐다. 이것도 1930년대의 일이다. 《짚 한 오라기의 혁명》의 띠지에는 "'현대의 노자'가 말하는 무의 철학과 실천"이라는 문장이 있다.

후쿠오카 마사노부

이렇듯 자연농법의 시초에는 뭐랄까, 종교적인 느낌이 있다. 우연은 아닐 것이다. 인간의 지혜나 힘이 도저히 닿지 않는 곳에 자연의 거대한 법칙이 있다는 생각. 그 생각에서부터 흙, 벌레, 풀을 존중하는 자세가 생겨날 수 있기 때문이다. 마치 제 것인 양 지구를 지배하려 드는 현대인들에게 동조하지 않는 것. 그것이 진정한 저항이자 펑크 정신이다! '해충'이니 '잡초'니, 인간 위주로 붙인 호칭 따위 죄다 엉터리다! 불현듯 그렇게 가슴이 뜨거워진다. (그런데 종교라는 지점에서 살짝 기가 죽기도 한다. 까딱하다간 권위로 변질되기 십상인지라…….)

태평양전쟁 후, 대량생산·대량 소비·성장 제일 시대가 활개를 치기 시작했다. 농업도 예외가 아니다. 1961년 농업기본법이 제정되면서 국가와 농협은 화학비료와 화학합성 농약을 쓰라고 부지런히 권장했다. 이후 곳곳에서 공해 문제가 발생했다. 농약과 첨가물, 약제 오남용에 따른 건강상 피해도 뒤를 이었다. 거기에 물음표를 던지는 사람들이 나타났다. '생산자에게도, 소비자에게도 이런 농사가 절대 좋을 리 없다.'며 1971년, 일본유기농업연구회가 탄생한다.

유기농업이란 농약과 화학비료를 쓰지 않는 농법을 말한다. 지금이야 법률까지 제정되어(유기농업추진에관한법률, 2006년) 지지받고 있지만 당시에는 주류에서 일탈한 괴상한 농법이라는 인식이 강했다. "무농약으로 해 볼까 한다."는 말을 꺼내기라도 하면 별종 취급당했고, 주변 농가에서 "당신이 농약을 안 뿌려 가지고 우리 밭까지 해충 피해를 보면 어떻게 책임질 거냐?"는 항의를 듣기 일쑤였다. 그러고 보면, 예수도 부처도 처음에는 다 박해를 받았다.

농약과 화학비료를 쓰는 일반적인 농법을 '관행농법'이라 한다. 그것과 배치되는 자연농법과 유기농법을 '비관행농법'으로 한데 묶는다면, '비관행'의 폭은 상당히 넓다.

· 밭을 갈지도 않고, 풀을 뽑지도 않는다
· 풀과 낙엽만으로 퇴비를 만들어 밭을 갈 때 섞는다.
· 생선 찌끄러기, 닭똥처럼 천연에서 얻을 수 있는 거름을 쓴다.
· 무농약뿐 아니라 농약을 줄이는 것을 목표로 삼는다.
· 논에 오리를 길러 해충을 잡아먹게 한다.

자유자재로 조합할 수 있고 그 정도도 다양하므로, 농가의 수만큼이나 비관행농법의 방식도 다양하다고 볼 수 있다. 예를 들어, 도호 마사노리의 기본 방침은 '유기비료든 화학비료든 비료는 절대 금한다. 흙 만들기에 큰 가치를 두지 않는다. 묘목에는 농약을 조금 뿌릴 수 있다. 약해졌다면 효소도 준다. 그러나 나머지는 나무에게 맡긴다. 가지치기와 묶기로 식물호르몬을 활성화시킨다.'

이다. 하지만 이 역시 현 단계에서 다다른 지침일 뿐으로, 앞으로 더 진화해 나갈 수 있다.

비관행농법을 시작한 사람들은 '남들과 다르게 한다.'는 두려움과 자유로움의 감정을 공통적으로 가지고 있다. 시행착오의 두근거림, 이상을 목표로 삼는다는 고양감도 그 속에 존재한다. 고생도 만만치 않다. 겨우 돋아난 새순이 벌레에 뜯겨 좌절하고, 수확 직전 병으로 초토화된 밭 앞에서 눈물짓고, 모르긴 몰라도 가족들 사이에서 의견 다툼도 많으리라. 노력에 비해 돈이 벌리지 않는 것도 괴로운 일이다. 행정과 소비자가 지속 가능한 것에 관심을 쏟고 응원해 주면 좋겠다……까지 써 놓고, 혼자 흠칫 놀란다. 유기농 채소를 집었다가 가격표를 보고 가만히 내려놓는 사람이 바로 나이기 때문이다.

비관행농법의 이상과 현실을 고민하고 있는데, 태평스런 그의 얼굴이 불쑥 내 쪽으로 다가온다.

"작가님, 나는 사상 같은 거 없어. 세상만사 이거지, (손가락으로 원을 만들어 보이며) 돈벌이."

와우. 브라보! 그렇게 정리할 줄이야.

이 사람은 흙에 대한 신앙, 생명 있는 모든 것에 대한 자애, 지구를 지킨다는 고상한 말을 홀연히 뛰어넘어, 농업의 재미를 이야기한다.

"돈이 벌려야 재밌지. 그래야 원하는 농사를 지을 수 있는 거
고."

하시모토 신지

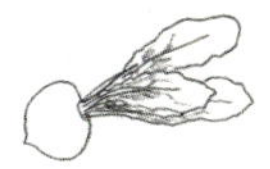

효고에 사는 하시모토 신지 씨가 보낸 메일은 내 예상을 가뿐히 뛰어넘는 내용이었다. 유기농업에 흥미를 갖게 된 계기는 무엇이냐는 질문에 "중학생 때 아라요시 사와코의 《복합오염》*을 읽고……."로 답이 시작된다. 그래 뭐, 거기까지는 좋다. 그럴 수 있다. 그런데 "고등학교 때 브라질 리우데자네이루에서 슬럼가의 빈곤을 접했고, 대학 때는 도쿄에서 히로시마까지 도보 노숙 여행을 하며 자연주의 생활을 동경하게 되었다. 《짚 한 오라기의 혁명》을 읽고 감명을 받아 후쿠오카 마사노부가 사는 곳을 찾아갔고, 간디의 비폭력 운동을 공부하다가 인도로 건너가, 숲 속의 한 노인과 만나 영향을 받았는데……."에 이르기까지.

우와, 이 사람 뭐지 싶었다. 슬럼가에 노숙, 후쿠오카 마사노부에 간디라니, 듣고 싶은 대목이 너무 많았다. 곧바로 답장을 보냈다.

"만나서 이야기를 들어 보지 않고는, 도무지 원고가 안 써질 것

---

* 농약, 비료, 첨가제, 계면활성제, 합성보존료와 같이 인간이 만들어 낸 공해 물질의 폐해와 환경문제를 다룬 르포 소설.

같습니다.”

그를 만나러 갔다. 효고는 맞지만 단바시의 오지 산골이라, 상상했던 것보다 훨씬 멀었다. 만나서 들은 그의 인생도, 내 상상을 뛰어넘어 훨씬 더 농후했다.

반골 소년, 세계를 보다

하시모토 씨는 1961년 히로시마에서 태어났다.

“야노라는 바닷가 마을에서 살았습니다. 도호 씨의 고향 섬에서 차로 1시간 정도 걸리는 곳이죠. 그래서 그런지, 처음 만난 날부터 친근했어요. 히로시마 사투리에 큰 목소리, 왁자지껄한 말투 같은 게, ‘맞아. 저런 아저씨, 히로시마의 오코노미야키 가게에 가면 꼭 있지.’ 싶어서 엄청 반갑더라고요.”

양친은 피폭을 경험했다. 1945년 8월 6일, 중학생이던 아버지는 히로시마 역 앞에서 피폭했다. 어머니는 소개지에 살고 있었으나 원폭 투하 며칠 뒤 시내로 들어갔다가 피폭했다. 그 뒤 두 사람 모두 원폭 현장에서 재건을 위해 분투하며 살았다. 하시모토 씨 얼굴에 씁쓸한 빛이 번졌다.

“부모님 세대는 대량생산, 대량 소비로 돌진하던 세대였습니다.”

아버지는 대학 공학부를 졸업하고 조선 회사에 취직했다. 어머니는 아들을 초등학교 때부터 입시 학원에 보냈고, 중학교, 고등학교 모두 입시 명문교로 진학시켰다. 그러나 그 결과, 세상이 말하는 상식과 선악의 기준을 일일이 의심하는 뒤틀린 소년이 만들어지고 말았다.

"어릴 때부터, 온갖 것들에 의문과 반감이 많았습니다. 아침부터 밤까지, 엉덩이를 걷어차이며 공부하는 게 무슨 의미가 있는가. 평생을 노동으로 허비하는 인생은 시시할 뿐이지 않나……."

고등학교 2학년 때, 아버지가 리우데자네이루로 전근을 가게 됐다. 브라질과의 합병 프로젝트를 맡게 됐기 때문이다.

"원래는 부친 혼자 넘어갈 예정이었어요. 그런데 제가 더 이상 일본이 싫다, 데려가 달라고 졸랐습니다. 그래서 브라질 고등학교로 전학을 가게 됐죠."

리우에 도착한 첫날, 가족끼리 레스토랑에 앉아 있는데 거지가 다가와 먹을거리를 구걸했다. 그 충격이 잊히지 않는다고 했다.

"말하자면 그때가, 빈부 격차와 식량 문제를 처음으로 목격한 순간이었죠."

적응하기 위해 영어와 포르투갈어 공부에 온 힘을 쏟아부었다. 브라질인 특유의 느긋한 기질에 치유받기도 했으나 북미와 남미에서 당한 동양인 차별에 억울한 마음도 컸다.

"딱 그때였어요. 그 사람이 등장했죠."

그가 흐뭇하게 거론한 '그 사람'은 〈용쟁호투〉로 세계를 휩쓴 브루스 리다. 스크린 안에서 백인을 쓰러뜨리는 자그마한 동양인에 그는 가슴이 고동쳤다. 곧바로 가라테를 시작했다. 아마 그 무렵, 세계 여기저기 많은 소년들이 가라테나 권법, 무술을 시작했을 것이다. 그리고 그 열정은 대부분 머지않아 식게 마련이다. 하지만 하시모토 씨는 달랐다. 가라테에 완전히 빠져들었다. 재능도 있었다. 눈에 띄게 두각을 드러내더니 브라질 토너먼트에서 준우승까지 해 버렸다. 그대로 개선장군처럼 귀국해 도쿄 국제기독교대학에 입학, 가라테부 생활을 시작했다. 일본에 돌아가지 않겠노라 다짐했지만, 자신의 가라테 실력을 일본에서 시험해 보고 싶어졌다. 대학 시절 내도록 가라테에 몰두했고 간토 지역 학생 리그 3위까지 올랐다. 한동안은 '하체와 담력을 기르기 위해' 홀로 도보 여행을 했다. 도쿄에서 히로시마 본가까지, 걷고 노숙하며 완주해 냈다.

"역에서도 자고, 다리 밑에서도 잤습니다. 몸이 더러우면 강에서 씻고, 배가 고프면 밭에 들어가 서리도 하면서, 걷고 또 걸었죠."

인생길이라는 항로에서 무사 수행을 떠난 젊은이. 어딘가 소년만화의 주인공 같은 대목이다.

"어디서든 잘 수 있고, 어디서든 굶지 않는다는 걸 알게 됐습니다. 살아가려면 이것도 필요하고 저것도 필요하다고 생각했는데, 그게 아니더란 말이죠. 세상에는 이미 모든 게 갖춰져 있다는 생각을 하게 됐어요. 여행이 끝나고 친구에게 그 말을 하니 '정신 나갔네. 정신 나갔어.' 하며 콧방귀를 뀌긴 했지만요. 하하하."

마침 그 무렵, 자연농법의 선구자 후쿠오카 마사노부의 《짚 한 오라기의 혁명》이 화제의 중심에 있었다. 그도 그 책을 읽었다.

"'인간은 화학비료를 만들어 냈고, 그것은 악순환도 만들어 냈다. 자연의 순환을 알고 있다면 그런 것 하나 없이도 먹을거리를 만들 수 있다.'고 쓰여 있었습니다. 내가 여행에서 느낀 점하고 맥이 통한다고 생각했죠."

그는 곧바로 아이치현으로 달려가 후쿠오카 마사노부의 오두막을 찾았다. 여기서도 못 말리는 행동파 기질을 여지없이 발휘했다. 전화를 했다가 거절당했으면서도 막무가내로 달려갔기 때문이다. 직접 만난 후쿠오카 마사노부는 턱수염을 길게 기른 수행자의 풍모였다.

"그는 제 이야기를 가만히 들어 줬습니다. 제 이야기가 끝나자 갑자기 이런 말을 하더군요. '당신은 머리로 아는 것과 진정으로 아는 것이 다르다는 사실을 모르고 있소이다. 당신은 지식이 있어 안다고 생각하겠지만 제대로 알지는 못하고 있습니다. 이게 무슨 말인지 아시겠습니까?'

제가 '모르겠습니다.'라고 하자 갑자기 천둥 같은 목소리로 일갈했습니다. '처음부터 다시 공부해!' 그 기백에 놀라 슬금슬금 뒷걸음질 쳐 문밖으로 나왔습니다. 그리고 그대로 돌아왔어요. 칠흑 같은 빗속, 우산을 쓰고 걸어가는 길에 점점 눈물이 나더군요. 까닭은 잘 모르겠지만 엄청난 충격을 받았습니다."

대단한 일화다. 소년 만화에서나 볼 법한 전개를 여기서 보다니.

"그 덕에 농사가 조금 흥미로워지기도 했지만 무역회사 같은 데들어가고 싶은 마음이 더 컸습니다. 그때는 세계를 내 발로 누비는 국제 사업가가 되고 싶었으니까요."

하시모토 씨가 농업과 제대로 만나는 건, 조금 더 시간이 지난 뒤의 일이다.

인도에서 가슴에 박힌 질문

그는 대학 졸업반이 되면서 졸업 논문 주제로 마하트마 간디의 비폭력주의를 선택했다. 들어 보니 깊은 이유가 있었다.

"가라테를 오랫동안 해 왔지만, 이기고 또 이겨도 내 안의 두려움 같은 게 없어지지 않았습니다. 시합 전에는 늘 무서웠죠. 강한 놈을 쓰러트려도, 강한 놈은 또 나옵니다. 그래서 비폭력에 흥미를 갖게 됐어요. 두려움의 윗길을 걷는 게 비폭력이지 않을까, 그런 생각을 하게 됐죠."

그런데 놀랍게도, 간디를 공부하던 그에게 하늘에서 뚝 하고 돈이 떨어졌다.

"아버지는 여러 모로 저와 정반대되는 사람입니다. 섬세하고, 꼼꼼하고, 착실하고, 절대로 실수 같은 건 하지 않을 유형. 그런데 그런 아버지가, 등록금을 두 번 입금한 겁니다. 학생과에서 오입금 됐다며 그 돈을 저한테 주더군요. 이건 인도에 가라는 신의 계시가 아닌가! 하하하."

그는 싱글벙글 웃으며 인도로 건너갔다. 그리고 묘한 인연이 겹쳐, 간디에게 직접 가르침을 받았다는 한 노인을 만났다. 순데랄 바후구나라는 이름의, 턱수염을 길게 기른 노인이었다. 간디 사후에도 히말라야 산기슭의 한 가난한 마을에서 비폭력 운동을 이어가는 대단한 이였다.

"바후구나 선생과 동료들은 '나무를 껴안는 운동'을 하고 있었습니다. 정부가 마을 숲의 나무를 베어 내는 걸 막기 위해서였어요."

"나무를 껴안는 운동이라면……."

"맞아요. 벌목꾼이 체인 톱을 가지고 들어오면 나무를 끌어안습니다. '나무를 베겠다면 나부터 베라.'는 의미인 거죠. 주먹질을 당해도, 걷어차여도, 그저 나무를 껴안고만 있어요. 상대가 전의를 상실할 때까지요."

왜 그렇게까지 해야 했을까. 처음에는 그도 '나무를 지키기 위해 목숨까지 건다니, 어디 좀 이상한 사람들이 아닐까?' 생각했다. 그렇지만 마을에 한동안 머물며 매일 아침 바후구나와 명상을 하다 보니 그 삶의 방식을 어쩐지 이해할 수 있을 것도 같았다.

"일본으로 돌아가겠다고 인사를 하던 날이었습니다. 바후구나 선생이 제 눈을 가만히 보며 이렇게 말하더군요. '자네는 여기 있는 동안 내 이야기를 들었네. 마지막까지 관찰자로 끝낼 셈인가?' 그 말에 아무 대답도 못 하고 그대로 돌아오고 말았죠."

'마지막까지 관찰자로 끝낼 셈인가?' 그 말이 가슴에 계속 남았고, 지금까지도 남아 있다고 했다.

귀국 후, 그 앞에 놓인 당면 문제는 졸업 후의 진로였다. 처음 계획대로, 어학 실력과 체력적 장점을 살려 사업가의 길을 걸으며 해외를 누비겠다는 생각도 있었다. 하지만 뇌리 한 구석에서는 흰 턱수염을 늘어뜨린 철학자 두 사람이 어른거렸다. 후쿠오카 마사노부와 순데랄 바후구나, 최강의 흰 턱수염 콤비였다. 청년은 고

민하고 고민했다. 그러던 어느 날,

"훌륭한 타협안을 발견했죠!"

씩 웃으며 그가 다음 말을 이어 나갔다. 농업, 지역을 지키는 일, 사업을 모두 충족시키는 직장을 찾았다. 생협이었다. 일본 최대의 생활협동조합 '코프 고베'에 입사한 그는 바라던 대로 농산물과에서 생협 생활을 시작했다.

"그런데 매장에 가 보니 이상과 현실은 너무 멀더란 말이죠."

매장에 진열할 채소를 주문할 때는 필요한 것보다 많은 양을 주문해야 했다. 품절을 막기 위해서였다. 팔다 남아서 못쓰게 되면 아무렇지 않게 폐기했다. 시든 푸성귀나 옥수수는 소금물에 담갔다가 진열했다. 영양소는 빠져나가지만 겉보기에는 반짝반짝 윤이 났다.

생협 상층부는 그의 어학 능력과 국제적 감각을 높이 샀고, 머지 않아 해외 식품 수입상이 되어 주길 기대했다. 그가 바라던 국제 사업가가 바로 눈앞이었다. 하지만 현장에서 유통 구조를 알아 갈수록 점점 깨닫게 되었다. 왜 브라질 슬럼가에서 사람들이 먹을거리를 구걸해야 했는지.

브라질에는 광대한 농지가 있고 커피나 콩 같은 농작물 수확량도 어마어마하다. 그런데 그 대부분이 자국민의 입에 들어가기도 전에 전부 수출된다. 반면, 해외의 저렴한 농작물 유입이 늘어나면, 이번에는 일본 농가가 점차 황폐해진다.

"식량 문제는 먼 곳에 있지 않다, 내 눈앞에 있다는 사실을 직면하게 된 거죠."

그러던 어느 날, 효고현 동부, 단바시 이치지마에서 판매되고 있던 유기농 채소와 만났다.

"무는 흙투성이 그대로였고, 푸성귀도 단으로 묶여 있지 않았습니다. 랩 포장도 안 되어 있었죠. 푸들푸들 시든 것도 있었고 벌레 먹은 데도 많고 그랬습니다. 제가 억지로 살려 내 팔던 밭작물이랑은 달라도 너무 달랐죠. 그런데도 남지 않고 전부 다 팔린다는 겁니다."

들어 보니 획기적인 모임의, 획기적인 기획이 만들어 낸 산물이었다. 안전한 식품을 추구하는 도시의 소비자(주로 고베의 어머니들)가 이치지마의 유기농 농가와 직접 계약한 뒤 원하는 농법, 원하는 작물을 꼼꼼하게 지정한다. 그렇게 길러 수확한 작물은, 크기와 모양이 제각각이든 벌레가 먹었든 상관없이 무조건 매입하는 시스템이었다. 생산자와 소비자가 한 몸이 되어 이상적인 농업의 형태와 먹을거리를 지키고 있었다.

"그 모임 이름이 '식품공해를 추방하고 안전한 먹을거리를 추구하는 모임'입니다. 이름부터가 벌써 강렬하죠? 하하하."

흥미를 느낀 그는 이치지마를 찾았다. 농협 방침을 무시하고 철저하게 무농약을 추구하는 농가를 비롯해 여러 농가가 유기 재배 방식으로 농사를 짓고 있었다. 그들을 만난 뒤 단숨에 열정이 끓어올랐다. '생협을 그만두고 이걸 해야겠다.'고 결심했다.

이치지마의 공무원을 찾아갔다. "이치지마로 이주해 농사를 짓고 싶다."고 하자 공무원은 어이없어 했다. "이 동네 젊은이들은 농사짓기 싫다고 도시로 나가려 안달인데, 대학까지 나온 젊은이가 굳이 회사까지 그만두고 농사를 짓겠다는 게 이해가 안 된다."고 했다. 정신 나간 좌익 아니냐며 경계의 대상이 되기도 했다. 물론 직장 선배와 히로시마의 양친도 기가 막혀 했다.

"아들이 이상한 종교에 세뇌당했다고 생각한 모양이에요. 그래도 어쩔 수 없었죠. 저는 이미 결정했으니까요. '자네는 관찰자로 끝낼 셈인가?' 바후구나 선생에게 그 질문을 받았고, 이제부터는 실천자가 되어 보겠다, 그때 결심했습니다."

내 직업은 '뭐든 키우는 농부'

1989년, 하시모토 신지는 농부가 됐다. 첫해에, 선망해 오던 후쿠오카 마사노부식 자연농업(무경운, 무농약, 무비료, 무제초)을 시도해 봤으나 결과는 좋지 않았다. 어쩔 수 없이 닭똥을 뿌리는 유기 재배로 바꿨다. 벌레가 끓기 시작했다. 농약을 쓰지 않았더니 배

추는 전멸했다. 소송채도 벌레 피해를 입었다. 고베의 어머니들은 "하시모토 씨가 키운 소송채는 레이스 같네요."라며 깔깔 웃었다. 그러면서도 격려를 잊지 않았다. "볼품은 없어도 먹는 데는 문제없죠. 전부 사겠습니다."

하시모토 씨는 무농약 재배 기술을 체득해 나갔다. 그리고 몇 년이 지나, 이치지마에서, 효고현에서, 간사이 지역에서 유기 재배를 이끌어 가는 이로 자리매김해 나갔다. 어학 능력을 인정받아 '국제유기농업운동연맹'의 토론회와 연구집회에도 참가했다. 지금까지 방문한 나라만 20개국이 넘는다.

"인도에서 열렸던 연구집회 때 일인데요. 연구집회를 주관하던 인도 모 대학 소속의 한 교수가 무척 거만한 태도로 농민을 대하는 게 보였습니다. 콱, 열이 받더군요. 그래서 총회 때 손을 들고 일어나서 영어로 말했습니다. '유기농업을 지탱하는 존재는 농민들이다. 당신 같은 연구자는 뒷받침을 하는 자일 뿐이다. 잘난 척하지 마라.' 강하게 의견을 피력했죠. 그랬더니 연맹에서 아시아 쪽 이사를 맡아 달라고 해서 한동안 이사 일을 하기도 했어요."

역시, 세계 어디를 가든 그의 반골 기질은 변함없다. 지금은 'Shinji Hashimoto'라는 영어 이름과 함께, 소비자와 생산자가 연계해 먹을거리를 지키는 그이의 활동이 프랑스 고등학교 사회 교과서에 실려 있다.

그런데 하시모토 신지는 '어떤 농가'일까? 취재를 시작하며, 하시모토 씨가 어떤 농사에 집중하고 있는지 확인해야겠다고 생각했다. 도호 마사노리는 '귤 농가', 하야시 다카시는 '사과 농가', 이런 식으로 주력 작물이 정해져 있는 게 보통이라 여겼기 때문이다. 그러나 취재를 하면서 자연스레 알게 됐다. 하시모토 신지는 '뭐든지 농가'다. 연간 50가지가 넘는 밭작물을 키우고, 오리농법으로 벼농사도 짓고, 심지어 닭도 친다. '다품종', '소량생산', '환경'이 그가 해 나가는 농사의 열쇳말이다.

"닭을 치면 설날에도 쉴 수가 없으니 아무도 안 하고 싶어 하죠. 그런데 소비자는 안전한 달걀을 원합니다. 양계를 맡아 달라고 하기에 알겠다고 했어요. 평사 사육으로, 200에서 300마리 정도 키웁니다."

"평사 사육이 뭔가요?"

기초적인 질문에 그가 차 키를 쥐고 불쑥 일어선다.

"보러 가시죠. 근처니까요."

개천 옆, 양계장에 가까워질수록 "꼭곡꼬곡꼭꼬오." 건강한 소리가 들린다. 목조로 된 넓은 헛간이다. 지붕은 함석지붕, 바닥은 흙바닥이다. 갈색 닭들이 종횡무진 자유롭게 뛰놀고 있다. 콘크리

트로 밀폐된 공간, 움직일 수도 없이 일렬종대로 갇혀 있는 '근대적'인 양계장과는 딴판인 풍경이다. 아, 이게 평사 사육이구나.

"공장식 양계장 닭들은, 태어나서 죽을 때까지 깜깜하고 비좁은 철망 우리에 갇혀 삽니다. 그런 닭이 낳은 달걀을 먹으면 천벌받지 않을까요? 유기농업에서는 가축도 건강하고 행복할 권리가 있다고 봅니다. 그렇게 생산된 축산물이어야 사람 몸에도 좋다는 생각을 기본적으로 갖고 있어요."

양계장 바닥에는 밭에서 나온 지스러기와 풀이 깔려 있다. 닭들은 그 위에 똥을 싸고, 양발로 마구 헤집고, 성큼성큼 돌아다닌다. 그러다 보면 흙과 똥과 풀이 골고루 섞이고, 그냥 내버려 두기만 해도 퇴비가 된다. 만져 보니 보슬보슬하다. 고약한 냄새도 전혀 없다.

그가 양계장 옆 창고도 보여 준다. 유통기간이 갓 지난 우유가 잔뜩 있다. 그걸로 요거트를 만들어 닭에게 매일 먹인다. 탱크 뚜껑을 열자 부드럽고 달큰한 냄새가 퍼진다. 몽고의 마유주* 냄새 같기도 하다.

"우와, 맛있을 것 같아요!"

"그렇죠? 사람이 먹어도 좋은 것만 닭한테 주고 있어요. 시판 사

---

* 말젖을 발효시켜 만든 술.

료에는 노른자 색을 진하게 만드는 색소를 비롯해, 여러 첨가물이나 항생제가 들어 있거든요. 그런 물질은 인간에게도 영향을 끼칩니다. 면역력 저하의 원인이 될 수 있죠.”

그래서 손수 배합한 사료를 먹이로 준다. 히로시마현에서 난 굴 껍데기, 유전자 변형을 하지 않은 옥수수와 콩, 이웃 농가의 쌀겨 따위가 든 사료다.

“너희들, 좋은 대접 받고 있구나.”

흐뭇하게 닭을 보고 있는데, 문틈으로 한 마리가 튀어나온다! 나는 분명 닫는다고 닫았는데 그게 아니었던 모양이다. 어쩌지? 큰일이다! 허둥대는 내 옆에서 그는 별다른 동요도 없다. 잠깐 자유롭게 돌아다니게 두더니 아무렇지도 않게 다가간다. 그러더니 탁! 순식간에 포획 성공!

“방금 탁! 이거, 가라테 기술입니다. 하하.”

하하하. 그렇군요. 가라테 달인은 닭 포획도 한 방에 탁!

집중호우가 지나간 뒤

여기서부터 슬슬 도호 마사노리와의 만남으로 이야기가 접어든다. 그런데 그 전에 짚고 넘어가야 할 사건이 하나 있다.

2014년 8월, 단바시에 큰비가 덮쳤다. 그는 소방단 단장이었던지라, 흙 부대를 쌓고 사람들을 피난시키며 온 힘을 다해 뛰어다

넜다. 그럼에도 미처 대피하지 못한 이웃 할아버지 한 분이 돌아가셨다. 토사가 쏟아지면서 집을 덮쳤기 때문이다.

그의 집도 토사와 쓰레기 더미에 파묻혔다. 밭은 진흙으로 뒤덮였고 닭들도 엉망진창이었다. 무엇보다, 수십 년 동안 퇴비를 넣어 가꿔 왔던 땅을 한 순간에 잃었다.

"이걸로 농사 인생은 끝이구나 싶었습니다."

동료들과 자원봉사자의 도움으로 집은 얼마쯤 지낼 수 있는 상태로 복구됐다. 하지만 꺾인 마음은 좀체 일어서지 못했다. '더 이상 농사 같은 거 못 해 먹겠다. 누구보다 열심히 살았는데 왜 이런 꼴을 당해야 하나…….' 갈 곳 없는 감정이 소용돌이쳤다.

"뭐가 이상적인 농업이야! 바후구나고 뭐고 다 소용없어!"

자포자기 상태가 되어 그는 인도의 비폭력 성인한테까지 무턱대고 감정을 쏟아냈다. 뭘 해도 기력이 솟지 않았다. 그만 농사를 접고 고향으로 돌아갈까 하는 생각까지 했던 모양이다.

그러던 어느 날, 한 모임에 불려 나갔다. 지역의 젊은 농부들 모임이었다. 강사로 와 있던 도호 마사노리와 그날 처음 만났다. 그의 강의를 듣자마자 '이건 정말 대단하다!' 싶었다. 국내외, 자연농법과 유기농업에 빠삭하던 그로서도 놀라운 이야기였다. 도호 씨 말고는 식물호르몬에 대해 이야기를 하는 사람을 한 번도 본 적이 없다고 했다.

히로시마 사투리의 열정적인 강의를 듣는 동안, 젊은 시절, 후쿠오카 마사노부의 삶에 감명받던 그 마음이 단숨에 되살아났다.

"후쿠오카 선생 책에 '자연농법은 방치하는 농법과는 다르다.'고 쓰여 있었습니다. 그 대목이 떠오르더군요. 어쩌면 후쿠오카 선생이 말했던 마지막 조각이 이걸 수도 있다는 생각이 들었습니다."

사실 하시모토 씨는 집중호우의 충격이 아니더라도, 얼마 전부터 자기 농사에 회의감을 느끼고 있었다. 자신이 이상으로 삼던 농업과 현실 사이의 괴리감 때문이었다.

최근 수십 년, 유기 재배에 도전하는 사람은 착실히 늘어났다. 하지만 일본의 유기농 시장 규모는 여전히 작다. 현재 미국이나 유럽에서는 일반 매장에서도 유기 농산물을 쉽게 접할 수 있다. 한국의 서울에서는 학교 급식으로 유기농 채소가 쓰인다. 그에 비해 일본은 아무리 시간이 지나도 유기농 시장이 확대되지 않는다. 그러니 한정된 파이를 두고 생산자끼리 치열한 경쟁을 벌인다. 그 결과, 단품종 대량생산으로 비용을 줄인다거나 깔끔한 포장으로 차별화를 꾀하는 쪽으로 갈 수밖에 없다. 유기농업으로 돈을 버는 일과 환경을 지키는 일 사이에 모순이 생겨난 것이다.

"이건 내가 하고 싶은 농사가 아니다, 그런 생각이 자주 들었습니다. 도보 여행을 하며 아무것도 필요 없다는 걸 깨닫지 않았

나. 자연에 맡기는 후쿠오카 선생의 농법을 동경하지 않았나.

그런데 맙소사, 미생물 자재니 랩 포장이니 유기농 마크니 하는 것들이 점점 필요해지고…… 정신 차려 보니, 토양을 분석해 컴퓨터에 데이터를 입력하는 세계, 질소와 인산과 칼륨의 필요량을 해석하는 세계에 제가 들어가 있었습니다."

그런데 도호 마사노리는 달랐다. '비료도 필요 없고 미생물 자재도 필요 없다. 그런데도 수확량은 는다.'고 단언했다.

"그런 농사야말로 제가 지향하던 농사였어요. 농업의 원점을 목격한 기분이었습니다."

하시모토 씨는 그날 밤 눈이 번쩍 뜨이는 경험을 했다.

"후쿠오카 선생에서 시작된 제 농사 여정이 다시 출발점으로 돌아간 것 같았습니다. 조금 더 농사를 지어 보자는 마음이 들었지요."

꺼져 가던 불씨에 도호 마사노리라는 바람이 불어와 작은 불길이 되살아났다. 그 밤은, 그런 밤이었다.

그는 지체 없이 도호식 수직 농법을 도입했다.

"제일 먼저, 누에콩이랑 토마토 모종을 묶어 봤습니다."

토마토는 남미의 안데스가 원산지로, 고온 다습한 기후에 약하다. 그래서 대부분 비닐하우스에서 토마토를 키운다. 일본의 기후상, 노지에서 기르면 열매가 터지는 열과 피해를 입기 쉽기 때문이다. 그도 그 전까지는 비닐하우스에서 토마토를 키웠다. 그런데 도호 농법으로 모종을 묶으니 한데서 키워도 열과 피해가 없었다. 병충해에도 강해져 깨끗하고 커다란 토마토를 거둘 수 있었다.

양계장에서 나오는 천연 퇴비에 대해서는 어떻게 정리됐을까?

"도호 씨가 밭과 양계장을 둘러본 뒤 그러더군요. '하시모토 씨의 농업은 닭도 포함해 자연스레 순환하고 있다. 그러니 닭과 닭똥을 빼자는 말에도 어폐가 있다.' 그래서 지금도 밑거름으로 닭똥을 씁니다. 하지만 그의 이야기를 듣고부터는 덧거름은 하나도 넣지 않고 있어요. 도호 씨한테 배운 대로 가지를 치고 모종을 묶어 줬더니 덧거름이 없어도 맛과 수확량 모두 만족스러웠습니다."

2019년 2월, 그는 자신이 실행 위원을 맡고 있던 '일본유기농업연구회'의 정기 모임에 도호 마사노리를 초대해 강습회 자리를 마련했다. 흙 만들기에 심혈을 기울여 온 원로 중에는 "흙 만들기를 부정하는 인간의 이야기는 듣고 싶지 않다."며 반대하는 이도 있었다. 쉽게 포기할 그가 아니었다. "도호 마사노리의 강습회를 열지 못하면 실행 위원에서 내려오겠다."며 강하게 밀고 나갔다.

"도호 방식은 이제까지와는 딴판이고, 그래서 받아들이기 어렵다는 농가도 있어요. 어느 시대든 새로운 것은 경계의 대상입니다. 하지만 효과가 나오면 또 금세 바뀌는 게 세상이기도 하니까요."

참고로, 비료에 대한 하시모토 신지의 생각은 이렇다.

"비료는 무조건 나쁘다는 도호 씨의 생각도 충분히 이해합니다. 그렇지만 뿌리 활착률이 떨어지는 땅, 배수가 나쁜 땅에서는 곁다리로 비료를 써야 한다고 생각해요. 정답은 아직 아무도 모르지 않을까요?"

'아직 모른다.'는 말이 오히려 현실적으로 다가왔다.

"최근에 《발밑의 미생물, 몸속의 미생물》이라는 책을 읽었습니다. 결국 미생물에 대해서조차 인류는 거의 아무것도 모르고 있어요. 이 세상에는 우리가 모르는 게 거의 무한대로 있을 겁니다."

단바를 떠날 무렵, 해는 이미 기울었고 산은 검푸른 빛에 휩싸였다. 후쿠치야마선을 타고 부지런히 남하한다. 머릿속에 여러 얼굴이 떠올랐다 사라진다.

후쿠오카 마사노부. "당신은 머리로 아는 것과 진정으로 아는 것이 다르다는 사실을 모르고 있소이다."

순데랄 바후구나. "자네는 관찰자로 끝낼 셈인가?"

하시모토 신지. "이 세상에는 우리가 모르는 게 거의 무한대로 있을 겁니다."

검푸른 산 빛이 점점 짙어져 가는 걸 본다.

달리는 공무원과 미나마타병 이야기

후쿠다 다이사쿠

달리는 공무원과 미나마타병 이야기

후쿠다 다이사쿠

"얼마 전에 '미나마타·아시키타·쓰나기'에 다녀왔는데……."

이렇게 시작하는 말을 도호 마사노리에게 종종 들었다. 한 묶음처럼 붙어 있는 저 지명들은, 구마모토현 남쪽 끄트머리에 위치한 미나마타시, 아시키타마치, 쓰나기마치를 이른다. 그가 그 지역을 돌며 꽤 오랜 시간 농업 지도를 해 왔다는 건 알고 있다.

"미나마타병이 발생했던 지역이잖아. 땅과 물을 오염시키지 않고 농사를 짓겠다는 사람들이 그쪽 동네에 좀 있어."

그런 이야기를 슬쩍 들은 것도 같다.

"아, 미나마타병……."

그저 그렇게 고개를 끄덕이며 이시무레 미치코, 하라다 마사즈미, 나가노 미치가 쓴 미나마타병에 관한 책을 떠올리고는 했다. 그러나 솔직히, 그 병과 도호 마사노리의 농법이 어떻게 연결되어 있는지는 전혀 몰랐다. 그도 데코폰 가지치기에 대해서는 어느만큼 말해 줬지만, 미나마타병에 대한 의견이나 감정적인 언급은 물론, 그것과 연결 지어 자신을 드러내는 그 어떤 이야기도 하지 않았다. 그래서 그냥 멍하게, '네. 그런 일이 있었죠.' 수준으로 흘려 듣고 있었다. 그것도 몇 년씩이나.

그런데 이번에 쓰나기의 열혈 공무원 후쿠다 다이사쿠를 만나면서 흐릿하던 것들이 명확해졌다. 흘려듣던 것들이 하나로 연결됐다. 세상에나, 도호 씨! 그런 이야기였군요!

지난 7년 동안 도호 마사노리는 거의 매달 미나마타와 아시키타, 쓰나기를 오갔다. 엄청난 빈도다. 들어 보니, 후쿠다 씨가 시작한 꽤 독특한 프로젝트에 도호 마사노리도 동참하고 있었다. 그리고 나는 후쿠다 씨를 통해 듣게 된 미나마타와 아시키타, 쓰나기의 유일무이한 이야기에 깊이 감동했다.

왜 그토록 독특한 프로젝트가 그곳에서 탄생할 수 있었을까. 그건 아마 세계 어디에 내놓아도 특별할 이야기가 그곳에 존재하기 때문이다. 되돌릴 수 없는 슬픔과 '원한'(미나마타병 피해자는 검은 천에 '원怨'이라는 자를 새긴 깃발을 들고 재판에 임했다.)에 대한 이야기,˙그리고 거기서부터 시작된 새로운 삶의 이야기가 말이다.

도호 마사노리의 농법이 그 땅과 깊은 연으로 묶이게 된 건 우연일까, 필연일까. 그건 분명 필연일 것이다.

농업과는 접점이 없던 삶에서

두꺼운 코트와 내복을 벗어던지고 규슈 남쪽으로 향한다. 3월

˙ 미나마타병에 대한 재판은 2026년 현재까지도 진행 중이다.

이 됐다고 낮에는 이제 셔츠 한 장으로 충분하다. 게다가 웬걸, 벌써 모기까지 날아다닌다.

쓰나기마치 사무소 정문 앞. 쏟아지는 햇살 속, '쓰나기마치'라는 글자를 새긴 하얀 차가 달려오더니 바로 내 앞에 멈춘다.

"안녕하세요. 후쿠다입니다."

말쑥하고 날렵해 보이는 얼굴이 운전석에서 쏙 튀어나온다.

"저희 사무소 차로 안내하겠습니다. 차에 타시죠."

쓰나기는 물론, 이웃한 미나마타시까지, 후쿠다 씨는 그날 오후를 전부 써 가며 지역을 구석구석 안내했다. 산 내음을 맡으며, 야쓰시로해*의 바닷바람을 맞으며, 좀체 잊히지 않을 것 같은 이야기도 몇 개나 들었다.

후쿠다 씨는 1975년, 쓰나기마치에서 태어났다. 초등학교 때부터 뜀박질을 잘했던 터라 운동회만 나가면 1등이었다. 더 정확히는 "도중에 신발이 벗겨져서 그걸 주워 오느라 딱 한 번 2등 한 적이 있다."고 했다. 신발을 주워 오느라 2등이라니, 3등, 4등 한 친구는 어쩌란 말인지.

중학교 때는 야구부, 고등학교 때는 육상부, 그 실력 그대로 체

---

*규슈 본토와 아마쿠사 제도에 둘러싸인 내해.

대에 진학해 200미터 단거리 선수로 활약했다.

"공무원이 될 생각은 전혀 없었어요. 관공서에 근무하던 선배 이야기를 어쩌다 들은 적이 있는데, 지역을 위해 뭔가 할 수 있다는 게 좀 멋지다는 생각이 들더라고요."

쓰나기마치 사무소에 들어간 후쿠다 씨는 기획과 총무 쪽 업무를 맡았고 2011년부터는 구마모토 현청으로 파견 근무를 나갔다. 구마모토현, 미나마타시, 아시키타마치, 쓰나기마치 소속 공무원들이 하나의 팀을 짜서 추진하는 프로젝트가 발족했고 그 팀원이 됐기 때문이다.

"미나마타, 아시키타, 쓰나기에는 공통점이 있어요. 미나마타병이 발생한 지역이죠."

미나마타병 이야기를 꺼내는 그의 말투는 담담했고 나는 묵묵히 고개를 끄덕였다.

"그래서 세 지역 모두 경제·사회적 기반이 상당히 침체된 상태입니다. 새로운 산업을 일구어 보자는 목적으로 세 지역 합동 팀이 꾸려졌죠."

미나마타병이 공식적으로 확인된 해는 쇼와 31년(1956년)이다. 그러나 헤이세이(1989년~2019년)로 연호가 바뀌고, 21세기로 넘어오고도 미나마타병으로 고통받는 사람들이 나왔다. 지명에는 온갖 뜬소문이 붙어 다녔고 지역 경제는 가라앉아 회복될 기미가 없

었다. 그의 이야기를 들으며 연호를 서력으로 계산하느라 머릿속
이 분주했다. 그는 빠르게 말을 이어 갔다.

"그때까지 농업의 '니은' 자도 몰랐던 제가, 농업 부문을 담당하
게 돼 버렸죠."

그것이 모든 일의 시작이었다고 했다.

어디서부터 손을 대면 좋을까. 우선 고향에서 농사짓는 친구들
이야기를 들어 봤다. 그러자 보이는 게 있었다.

"가능한 한 친환경으로 농사를 짓고 싶어 하는 생산자가 우리
지역에 꽤 있다는 걸 알게 됐습니다. 다들 미나마타병을 겪었으
니, 아무래도 자연스레 그쪽으로 생각이 흘러가는 것 같았어요.
그런데 하나의 큰 덩어리가 아니라, 점점이 개별로 흩어져 있었
죠. 그걸 하나로 묶어 지역 전체 차원에서 추진하면 좋겠다는
생각이 들었습니다."

미나마타병은 어업과 밀접하게 얽힌 질병으로, 농업과는 연관
이 그리 크지 않았다. 하지만 결과적으로 그 병이 농사짓는 사람
들의 의식마저 바꿔 놨다. 뭔가 벌써 갑작스레 흥미진진하다.

미나마타병과 안전한 농업

미나마타병은 화학 회사 '칫소'가 공장 폐수를 몰래 방류하면서
시작되었다. 야쓰시로해 연안의 거대 공장에서 배출된 유기수은

화합물은 바다 밑에 두껍게 가라앉았다. 먹이사슬을 타고 조개와 물고기가 먼저 오염됐고 그것을 먹은 고양이와 사람이 잇달아 발병했다. 끼니마다 생선을 먹던 어부와 그 가족에게 피해가 집중됐다. 열심히 일하던 어른과 건강했던 아이가 어느 날 갑자기 걷지 못하게 됐다. 말을 할 수도 없게 됐고, 손발이 뒤틀렸다. 그러다 결국 의식을 잃고 죽어 갔다. 고양이는 비틀비틀 미친 듯 뛰어다니다 바다에 빠져 죽었다.

더딘 원인 규명이 비극을 더 키웠다. 환자는 1940년대부터 나왔으나 '기이한 병', '전염병'이라는 소문이 돌면서 도리어 환자들이 차별당했다. 1956년, '원인 불명의 중추신경 질환'으로 공식 인정되면서야 겨우 '미나마타만에서 잡힌 생선이 원인일 수 있다.'는 의견이 나왔다. '원인을 찾았으니 다행이다, 이제 드디어 발병도 멈추겠다.'고 생각했으나 큰 오산이었다.

구마모토현이 미나마타만에서 어획 금지를 단행하려 했지만, 후생성(지금의 후생노동성)은 '미나마타만의 어패류 전부가 오염됐다는 확실한 근거가 없다.'며 막았다. 국가는 환자보다 대기업이 먼저다. 어용학자는 어느 시대에나 있어서, 입맛에 맞는 말을 떠들어 댄다. 미나마타병의 원인이 물고기가 아니라는 가설이 항간에 수없이 나돌았다. '칫소는 고도 경제성장을 지탱하는 중요 산업이므로 망가져서는 안 된다.'는 의식이 그 배경에 팽배했다.

칫소의 대응은 최악 중에서도 최악이었다. 조사 결과 은폐는 물론, 공장 배수구에 필터를 씌웠다는 둥, 거짓말도 서슴지 않았다. 게다가 미나마타시는 칫소로 먹고사는 지역이었다. 많은 지역 주민이 칫소와 관련된 곳에서 일했다. 칫소 임직원 출신이 미나마타 시장에 선출되는 지역이었던 데다가 시의회도 칫소 관련자가 차지하고 있었다. 그러저러한 사정이 한데 얽혀, 칫소에서 배출된 유기수은 화합물과 미나마타병의 인과관계가 인정되기까지는 12년이라는 세월이 걸렸다.

그 사이에도 인근 어촌에서는 잡아 온 물고기를 밥상에 올렸고, 피해는 확산됐다. 날마다 밥상에 올린 생선 요리가 가족의 몸을 망가뜨렸다는 걸 알았을 때 어머니들의 충격은 오죽했을까. 미나마타만 인근 어촌에는 논밭이 거의 없었다. 바다와 닿은 좁은 땅에 들어선 마을이기 때문이다. 그래서 주식으로 생선을 먹는 집도 많았다. 물고기가 수은에 오염됐다는 사실을 알게 되자 "뒤주에 독을 뿌린 것과 뭐가 다르냐."며 한탄하는 소리가 터져 나왔다.

그런 세월을 거치며 미나마타, 아시키타, 쓰나기에는 수산물뿐만 아니라 먹을거리 전반을 깊이 있게 고민하는 사람이 하나둘 생겨났다. 미나마타병 환자들과 이들을 지원하는 사람들이 바닷가 비탈진 땅에 귤 농사를 짓게 된 것도 그 일례로 들 수 있다.

"미나마타병의 증언자로 유명한 고 스기모토 에이코 씨도 우리 지역에서 귤 농사를 짓으셨어요. 우리는 먹을 것 때문에 병에 걸렸다, 그러니 '오직 안전한 것'만을 키우고 싶다 하는 강한 신념을 갖고 계셨죠."

후쿠다 씨가 이야기를 이어 나갔다.

"제 선배나 동창 중에도 그런 사람들이 있어요. 100년쯤 된 차 농장의 대를 이은 선배도 있는데, 그분도 미나마타병 이후 유기 재배를 모색하게 되었다고 하더군요. 아픈 역사가 있는 땅이기에 더더욱, 안전한 농작물을 재배하고 싶다는 말이었죠."

마쓰모토 가즈야 씨가 바로 그런 농부 중 하나다. 후쿠다 씨가 현청에 파견되던 바로 그 무렵, 차 농사를 짓던 마쓰모토 씨는 무농약·무비료 재배에 도전하고 있었다. 그 두 사람이 만나게 되면서 세 지역의 연합 프로젝트가 굴러가기 시작했다.

"그해, 미나마타시에서 현민체육대회가 열렸거든요. 담당자로 대회를 진행하고 있었는데 '혹시, 후쿠다 씨……?' 하며 말을 걸어 온 사람이 있었어요. 그 사람이 바로 마쓰모토 선배였습니다."

마쓰모토 씨는 후쿠다 씨보다 일곱 살 위인데, 고등학교 때 단거리에서 현 최고 기록을 보유했을 만큼 뛰어난 선수였다. 후쿠다 씨로서는 동경의 대상이던 선배였다.

"고 1때, 육상 기록회 100미터에서 함께 뛴 적이 있었어요. 선배가 계속 선두였고, 그 이삼 미터 뒤를 악착같이 따라붙었지만 안 되더라고요. 선배가 1등, 제가 2등으로 들어왔죠."

그로부터 20년의 세월이 흘러, 둘은 다시 육상경기장에서 재회한 것이다.

"후쿠다, 맞지?"

"네. 그런데 누구…… 아! 마쓰모토 선배?"

"그래. 나야. 이야, 반갑다! 그때 육상대회 기억나? 네가 제법 잘 뛰기에 이름을 기억해 뒀지. 지금은 뭐 하고 있어?"

"쓰나기마치 사무소에서 일해요. 지금은 현청에 파견 근무 중이고요. 새로운 지역 산업을 일구는 팀에서 농업 부문을 맡고 있습니다."

그 말을 듣고 마쓰모토 선배의 눈이 반짝였다.

"뭐? 농업 부문? 우리 집이 차밭 하는 거 알고 있지?"

"네."

"너, 혹시 자연 재배라고 알아?"

"아뇨. 잘…… 무농약 재배하고는 다른 건가요?"

"이젠 무농약은 지나갔어. 앞으로는 거름도 안 넣는 자연 재배가 농업의 중심이 될 거거든. 농업 담당인데 그런 걸 공부해 봐야 되지 않겠어?"

"배우고 싶어요. 선배님!"

"좋아!"

2주 뒤, 마쓰모토 씨와 후쿠다 씨는 이시카와현 하쿠이시로 갔다. 하쿠이시에서 자연 재배 축제가 열리고 있어, 선배의 추천으로 둘러보기로 했다.

하쿠이시는 2010년부터 '하쿠이식 자연 재배'를 추진해 왔다. 《기적의 사과》로 유명한 기무라 아키노리를 초빙해 자연 재배 학교를 열기도 하고, '슈퍼 공무원'이라 불리는 다카노 조센*이 하쿠이의 쌀을 브랜딩하기도 하는 등 도전적인 실험으로 전국에서 주목받는 지역이다.

후쿠다 씨의 눈과 귀가 열렸다. 행정과 농협이 앞장서 무농약·무비료를 추진하다니, 말도 안 될 만큼 획기적이었다. 농업의 니은 자도 몰랐던 그였으나 냅다 한가운데로 파고들었다.

"보이는 것, 들리는 것 전부가 엄청난 자극이 됐죠. 완전히 꽂혀 버렸어요. '좋아! 우리 지역에서도 이걸 해 보자!' 싶었습니다."

의욕에 차서 구마모토로 돌아온 그는 곧바로 행동을 개시했다.

---

* 하쿠이시의 공무원 시절, 번뜩이는 아이디어와 주민과의 소통을 통해, 침체된 지역 경제를 살려 내 '슈퍼 공무원'이라 불린 인물.

"제가 좀 단순한 사람이라, 스위치가 켜지면 일단 막 튀어 나가 거든요. 하하. 그래서 곧바로 아시키타 농협을 찾아가 '앞으로 는 자연 재배입니다! 같이 합시다!' 하는 취지의 이야기를 조합 장님께 했죠."

조합장은 후쿠다 씨의 말을 귀 담아 듣더니 이런 말을 했다.

"기무라 아키노리 씨에 대해서는 책을 통해 저도 알고 있어요. 정말 훌륭한 분이지요. 그런데 농사로 밥벌이를 못 해서, 그 사 람이 몇 년이나 고생했는지 알아요?"

후쿠다 씨는 조그만 목소리로 대답했다.

"10년 정도……였던가요?"

기무라 아키노리의 《기적의 사과》에는 자연 재배 도전 후 10년 간의 고생담이 잘 담겨 있다. 목을 매달아 자살할 결심을 했을 만 큼, 막다른 곳에 몰리기도 했다.

"후쿠다 씨의 생각은 잘 알겠습니다. 하지만 농협으로선 그쪽으 로 이끌 수는 없어요."

조합장의 반대는 어쩌면 당연했다. 자연 재배는 가장 이상적인 형태의 농업일 수 있다. 미나마타 지역에 안전한 농업을 모색하는 농부들이 있다는 것도 알고 있다. 그러나 농협 조합원에 가입한 많은 농부들은 비료와 농약을 쓰는 관행농으로 생계를 꾸려 가고 있다. 이상을 좇다가 그 결과를 끌어내기도 전에 길바닥에 나앉게

된다면? 농협의 지휘 하에 지역 전체가 자연 재배로 방향을 튼다
는 건 아무리 생각해도 위험 부담이 크다.

게다가 하쿠이시는 농가 대부분이 벼농사를 지었고 '자연 재배
쌀은 시가의 세 배 가격을 쳐준다'.는 행정과 농협의 지원이 있었
기에 자연 재배로 방향을 트는 게 순탄했다. 만약 자연 재배로 수
확량이 절반으로 줄어도 세 배 가격으로 팔 수 있다면 농가는 돈
을 번다. '이상적인 농사라서가 아니라 돈이 되는 농사라서 한다.'
는 관점. 현실적이고 구체적인 방안을 제시한 덕분에 하쿠이의 농
업 혁명은 성공할 수 있었다. 그런데 다양한 밭작물과 과일을 다
루는 아시키타 농협에서 하쿠이의 시스템을 그대로 가져오기는
어렵다.

"뭐, 조합장님 말씀이 맞긴 다 맞는데……."

그는 풀이 잔뜩 죽은 말투로 다음 말을 이어 나갔다.

"그래도 아쉽고…… 실망이, 실망이 이만저만한 게 아니
고……."

어째 그 말이 너무 웃겨, 둘이 동시에 웃음이 터졌다. 그런데 이
야기는 거기서 끝이 아니었다. 다시 조합장을 찾아가 담판을 지었
다는 게 후쿠다 씨의 대단한 점이다.

"조합장님 말씀대로, 자연 재배로 당장 전환하는 건 불가능한
게 맞습니다. 그 대신 공부를 해 보는 건 어떨까요? 실제로 자연

재배 하는 사람을 강사로 초대해 공부 모임을 열어 봤으면 하는데, 어떠십니까?"

끈질긴 제안에 조합장도 고개를 끄덕였다.

"음, 그런 거라면 괜찮겠네요. 생산자가 선택지를 넓혀 볼 기회도 되어 줄 것 같고."

그의 구상은 구사일생으로 살아남았다. 우선 조합장 마음이 바뀌기 전에 공부 모임부터 열어야 했다. 곧바로 《기적의 사과》 기무라 씨에게 연락했으나 그가 생각하는 공부 모임과 현실 상황이 맞지 않아 불발됐다. 어딘가, 좋은 선생님이 없을까? 이 땅에서 새로운 농업을 이끌어 줄 구세주는 과연 어디에?

새로운 농업을 찾아다니던 날들

2011년, 가을이 깊어 가던 무렵, 후쿠다 씨가 참여하는 프로젝트의 이듬해 예산을 편성해야 하는 때가 왔다. 아직 세부적인 데까지 채우지는 못했지만 두 개의 계획안을 세웠다.

그 하나는 '환경 배려형 농업 추진'. 갑작스레 하쿠이시처럼은 못 하더라도, 미나마타병을 경험한 지역이니만큼 '물과 땅을 오염시키지 않는 농업'을 어떻게든 궤도에 올리고 싶었다. 후쿠다 씨는 그 기회를 호시탐탐 노려 보기로 했다.

또 하나는 '건설 회사의 농업 참가'라는 비즈니스 모델이었다.

이 역시 해당 지역의 상황과 당면 과제에서 탄생한 구상이었다.

"그 무렵, 지역의 건설 회사들이 경영난에 허덕이고 있었거든요. 그래도 건설업이라는 게 시골에서는 인프라여서요."

그는 지방에서 건설업이 어떤 역할을 하고 있는지를 설명해 주었다. 재해가 발생했을 때 쓰러진 나무나 길을 막고 쏟아진 토사를 치울 수 있는 건 중장비를 보유하고 있는 건설 회사가 움직여 주기 때문이다. '건설업이 시골에서는 인프라'라는 말은 그 뜻이었다. 공공사업은 한창때의 45퍼센트 수준까지 떨어졌고 건설업은 도태되어 갈 운명에 처했다. 그렇다고 전멸을 그냥 두고 볼 수만은 없었다. 그것이 행정이 해 나가야 할 사명이다.

"한편으로, 농사 현장에서는 60대도 '젊은이' 축에 듭니다. 시골은 정말 그렇거든요. 농사의 주축이 70세, 75세인 경우가 허다합니다. 그렇다는 말은, 그리 멀지 않는 미래에 농업을 짊어지고 나갈 사람이 없어진다는 말이기도 합니다."

그 두 가지 심각한 문제를 일거에 해결해 보자는 것이 '건설 회사의 농업 참가'다. 일감이 줄어든 건설 회사에 농사 쪽 일거리를 만들어 주면 고용도, 회사도 지킬 수 있다. 동시에 젊은 세대도 농업을 지키는 역할을 경험해 보게 된다. 우와. 정말 좋은 구상이네요! 후쿠다 씨!

그 계획을 구체화시키는 데 일조한, 강력한 아군도 있었다. 민간에서 일을 하며 후쿠다 다이사쿠와 같은 생각을 하던 사람. '나보다 조금 젊고, 꽃미남에, 아이디어 뱅크에, 뜨거운 남자인 사와이 군'이라고 그가 소개한 사와이 겐타로 씨는 건설 회사에 양계 부문 일자리를 마련해 준 실적의 소유자였다.

"그런데 조류독감 때문에 양계를 못 하게 돼 버렸죠. 건설업이 새롭게 농업에 참가한다면 어떤 부문이 좋을지, 마침 그때 사와이 군도 고민하던 시기였어요. 잘됐다, 같이 찾아 보자. 그렇게 된 거죠."

둘은 전국 각지에 안테나를 세워 두고 몇 가지 가능성을 검토했다. 어떤 날에는 교토의 도시마까지 동백 재배를 견학하러 갔다.

"미나마타 명물 중에 호우라쿠만주라는 풀빵이 있어요. 오방떡* 비슷하게 만드는 건데, 그걸 구울 때 도시마의 동백기름을 쓴다더라고요? 그래서 실제로 가 봤죠. 그랬더니 동백 열매만으로는 생각보다 벌이가 시원찮다는 걸 알게 됐어요. 기름 짜는 공장을 세우면 어떻게든 굴러는 갈 것 같은데, 처음부터 그렇게까지 할 수는 없어서 포기했죠."

또 어떤 날에는 알이 굵은 은행을 기른다는 밭을 찾아 구마모토현 북부까지 차를 달렸다.

---

* 밀가루 반죽을 원형 틀에 붓고 팥소를 넣어 구운 간식.

"은행 열매가 크면 고급 음식점에서 비싸게 사 준다는 이야기를 들었습니다. 그래서 가 봤죠. 그런데 그렇게 키우려면 비료를 엄청나게 써야 하더라고요. '우리가 하려는 농업하고는 다르네.' 그런 이야기를 하며 또 단념했죠."

그 외에도 농업 관련 연구회를 기웃거리기도 하고 전문 컨설턴트에게 상담을 받기도 하며 여기저기 분주하게 뛰어다녔다.

"누구는 '무화과를 키우면 잘 팔릴 것 같다.'고 했고, 누구는 '뽕나무를 심으면 오디하고 뽕잎 둘 다 팔 수 있다.'고 했지만 설득력이 부족하달까요, 딱 이거다 싶게 믿음이 가지는 않더라고요."

날은 눈 깜짝할 새 흘러갔고 벌써 2월 하고도 말이었다. 올해에는 프로젝트를 시작해야만 한다. 어떤 작물을, 누구의 지도 아래, 어떤 농법으로 해 나갈지, 아무리 늦어도 3월 중에는 결정해야만 했다. 그런데 아무것도 정하지 못하고 있었다.

"더는 안 되겠다고 포기하기 직전, 아슬아슬하던 그 시기에 도호 씨를 만났습니다."

오오, 드디어!

데코폰 농가가 돈을 벌어 집을 지었다!

2012년 초봄, 도호 마사노리가 구마모토에 왔다. 다마나시에서 열린 자연 재배 강습회에 강사로 초빙됐기 때문이다. 후쿠다 씨는 지푸라기라도 잡는 심정으로 강습회에 참가했고, 도호 마사노리가 들려준 이야기에 충격을 받았다. 그때의 흥분을 잊을 수 없다고 했다.

"지하수 오염 이야기가 특히 충격이었습니다. 구마모토시에는 우에키마치에서 생산한 수박, 가와치마치에서 생산한 귤, 이런 식으로 몇 가지 특산물이 있어요. 그런데 그 지역 지하수가 심각하게 오염됐다는 겁니다. 농업용수로는 써도 사람은 마실 수 없다고 했어요. 비료를 너무 쳐서 질산성 질소가 축적됐던 거죠. 미나마타병도 물이 오염된 때문이었습니다. 그래서 더 안전한 먹을거리로 지역 경제를 되살리려 했던 거고요. 그런데 농업마저 지하수를 오염시키고 있었다니……."

그런데 도호 마사노리는 비료를 치지 않아도, 아니 오히려 비료를 치지 않아서 더 건강한 작물에 대해 이야기했다. 식물호르몬의 힘을 끌어올리면 작물이 더 건강해진다고도 했다. 잇달아 튀어나오는 경험담과 이론에 점점 빨려들었다. '이 사람이다!' 생각했다. 사와이 씨 쪽을 보니 그의 얼굴도 환했다. 둘은 마주 보며 조용히 고개를 끄덕였다.

"도호 씨 이야기에는 흐리멍덩한 데가 한 군데도 없었습니다. 고개가 끄덕여지는 소리를 하는 사람을 처음으로 만났다는 생각이 들더군요. 제가 기존의 농법을 전혀 모르는, 백지상태였던 것도 다행이었다고 생각해요. 농사 공부를 한 사람일수록 도호 씨 이야기를 쉽게 받아들이지 못하는 면도 있는 것 같았거든요."

강습회 중간의 휴식 시간, 후쿠다 씨는 도호 마사노리가 담배를 피던 흡연실로 돌격했다.

"선생님! 4월부터 미나마타·아시키타·쓰나기 지역에서 자연재배 확대 프로젝트를 하려고 준비 중입니다. 강사를 맡아 주실 수 있을까요?"

"물론이죠. 좋습니다."

도호 마사노리는 흔쾌히 수락했다. 그런데 후쿠다 씨가 "행정 차원의 프로젝트여서 윗선의 오케이가 떨어져야 한다는 조건이 있기는 합니다."라는 말을 덧붙이자 내심으로는 '결국 말만 하고 끝나겠네.' 하고 넘겨짚었던 모양이다. 도호 마사노리는 강습회 요청을 자주 받는 처지지만 구체적으로 이야기가 진행되는 건은 극히 드물다. 그러니 그날 처음 만난 데다가 농업도 잘 모르는 것 같은 공무원이었으니 '말만 앞서 봐야 뭐…….'라고 생각한 것도 턱없지는 않았다.

하지만 후쿠다 씨는 진지했고, 누구보다도 진심이었다. 다음 날 아침, 지체 없이 상사에게 보고했고 기세를 몰아 단숨에 오케이를 받아 냈다. 행정 업무를 그렇게나 빨리 처리해 내다니! 내가 아는 관공서와는 전혀 달랐다. 후쿠다 씨는 내 감탄에 쑥스러워하며 이 런 말을 덧붙였다.

"환경 배려형 농업 추진 항목으로 대략적인 예산을 미리 신청해 둔 게 있었거든요. 그래서 속도를 낼 수 있었던 거죠. 프로젝트 자체가 가동 직전의 단계라 '아무튼 일단 해 보자.'는 상황이기 도 했고요. 여기저기서 분명 반대가 많을 거라고들 했지만, 저 는 뭐, 될 거라는 생각밖에 안 들었어서."

될 거라는 생각밖에 안 들었다니, 대단하다. 그런 마음으로 움 직이는 사람을 누가 멈춰 세울 수 있을까. 후쿠다 씨는 신이 나서 도호 마사노리에게 전화를 걸었다.

"내부에서 오케이 떨어졌습니다! 잘 부탁드립니다!"

어제와 오늘, 단 이틀 만에 행정절차를 정리해 내다니 "어제 이 야기가 진짜였다고?" 하며 도호 마사노리도 깜짝 놀란 모양이었다.

그렇게 도호 마사노리는 환경 배려형 농업 추진 프로젝트의 공 부 모임 강사가 됐다. 1년에 총 10회, 미나마타·아시키타·쓰나 기를 찾기로 했다. 동시에 '건설업의 농사 참가' 프로젝트는 사와 이 씨가 앞장서 도호 농법으로 아보카도 농사를 시작하기로 했다. (안타깝게도 '100년에 한 번 내리는 큰 눈' 피해를 입었고 그 뒤 하우스 재배로 방 식을 바꿨다. 지금은 도호 마사노리의 손을 떠났다.) 또한 쓰나기마치에서는 따로 예산을 마련해서 도호 마사노리 농업 교실을 열었다.

후쿠다 씨가 공부 모임을 꾸리면서 가장 마음을 쓴 부분은 무농약 재배나 자연 재배를 완고하게 밀어붙이지 않는다는 것이었다.

"조합장을 무작정 찾아가서 자연 재배를 밀어붙이다가 실패했던 경험. 지금 돌아보면 그때 실패해 보길 정말 잘했다는 생각이 듭니다. 시골에서는 다들 안면이 있는 사이에다가, 좋은 의미에서든 나쁜 의미에서든 말이 정말 많은 동네거든요. 천천히 바뀌어 나갈 수밖에 없어요. 그게 결과 면에서도 더 낫고요. 너무 획기적인 걸 척척 내놓으면 오히려 더 잘 안 풀리거든요."

도호 마사노리도 그의 생각을 충분히 잘 이해했다. 오랜 세월 세토내해의 농협에서 농사 지도를 해 왔던 사람이다. 시골의 인간 관계와 농가의 심리에 대해서도 속속들이 알고 있다. 도호 마사노리는 홍보를 두고 이런 의견을 냈다.

"농약은 죽어도 안 된다, 뭐 이런 말을 하면은 아무도 따라오지 않아. 비료와 농약에 가능한 한 덜 기대고 농사를 짓는다, 그런데 수확량은 늘고 맛은 더 좋아진다, 최종적으로는 돈을 벌 수 있는 농사법이다, 이렇게 홍보하는 게 좋지."

그 말 그대로 마을 소식지에 실었고 마을 방송으로도 홍보했다. 그랬더니 첫 모임부터 30명 가까운 농부가 모였다. 그들 중에는 '골수 농협파' 그러니까, 농약과 비료를 신봉하는 원로도 있었다.

"그분은 강의가 진행되는 내도록 뒤쪽 벽에 서 계셨습니다. 아마 본인의 처지 탓에, '도호 씨의 공부 모임에 있더라.'는 이야기가 나도는 게 싫었을 수도 있어요. 그런데도 끝나고 나서 그러시더라고요. '도호 그 사람이 A라고 했는데, 그건 틀렸어. 하지만 B라고 한 말은 정말 맞아.' 절반 정도는 인정하는 분위기였어요."

도호 마사노리는 데코폰 농장에서 솟는 가지를 남기는 가지치기 시범을 보였다.

"밭에서 한 줄만 이렇게 해도 좋고, 그것도 안 내키면 한 그루라도 좋으니 꼭 해 보세요. 그 정도 가지고는 농장 경영에 전혀 영향을 미치지 않으니까요."

그는 각 농가가 직접 해 보고 몸으로 느껴 보도록 부드럽게 이끌었다. 거의 매달 미나마타와 아시키타, 쓰나기를 찾았고 시범 전정한 나무가 어떻게 바뀌어 가는지 모두와 공유했다. 비료는 '일단 3분의 1로 줄여 보고, 괜찮다면 6분의 1로 줄여 가자.'고 접근했다. 섬세한 가르침을 차곡차곡 쌓아 나갔다.

"도호 씨의 접근 방식이 정말 좋았습니다. 농가로서는 갑자기 무농약·무비료는 무섭거든요. 가지치기를 바꿔 보자, 비료를 조금만 줄여 보자고 하면 거부감이 줄어들죠. 화술도 좋고, 농담도 잘 하고, 회차가 쌓일수록 다들 점점 즐거워하는 게 보이더라고요."

　공부 모임 초반부터 도호 농법을 대담하게 도입한 농부도 있었다. 모토야마 신고 씨가 바로 그 사람이다. 비닐하우스 데코폰 조합에는 조합원이 50명쯤 있는데 모토야마 씨의 연간 매출은 아래에서 10위 정도였다. 그런데 이듬해부터 갑자기 매출이 최상위권으로 뛰어올랐다. 가지치기를 바꾸고 비료 양을 줄였을 뿐인데 품질은 물론 생산량도 단번에 향상됐다. 그걸 본 이웃 농가도 도호 농법으로 바꾸기 시작했다.

　한편 신다테 씨는 아들과 둘이서 데코폰 농장을 꾸려 가고 있었다. 부친인 신다테 씨는 원래부터 가지치기를 강하게 하는 쪽이었다. 열매는 깨끗하고 좋았지만 유감스럽게도 수확량이 적었다. 아들인 요시타카 씨가 '기존 방식 대신 도호 방식에 도전하겠다.'고 선언했고 (부친을 설득하기까지 시간은 좀 걸렸지만) 솟는 가지를 남기는 가지치기로 방식을 바꿨다. 출하를 하고 몇 달 뒤, 농협에서 입금된 돈을 본 요시타카 씨는 너무 놀라 이렇게 소리쳤다.

　"이렇게나 돈이 된다고? 이렇게 벌면 집도 새로 짓겠는데!"

　지금까지 본 적 없는 숫자가 통장에 찍혀 있었다. 실제로 그 뒤 신다테 씨 가족은 새 집을 지어 이주했다.

　"성공 체험이 쌓이면서 회원들 의욕도 높아졌어요. 도호 씨를 더 신뢰하게 되는 거죠. 저도 어찌나 기쁘던지……."

그는 기쁨을 음미하듯 활짝 웃었다. 비료를 줄여 지하수 오염을 막겠다는 것. 그 바람이 점점 더 절실해졌다. 완고하고 엄격한 자연 재배 원리주의자가 하나둘 생겨나 보았자 큰 의미가 없다. 그보다는 지역 전체에서 조금씩이라도 비료를 줄여 가는 쪽이 환경을 지키는 지름길이라고 했다.

물론 행정기관의 예산으로 도호 마사노리를 부르는 일에 부담감도 있었다. 조직 내부에서 비난도 컸던 모양이다.

"일반적인 농업 종사자들 사이에서 검증되지도 않은 기술을 왜 퍼트리느냐, 그건 이단의 방식이다.'라며 몰아붙이는 사람도 있었습니다. '너 생각해서 그만두라는 거다.' 그런 충고도 꽤 들었고요. 한 번으로 안 되면 두 번, 세 번, 보완해서 살려 나가면 될 텐데 한 번의 실패를 용납하지 않는 게 조직이잖아요."

그렇다. 조직은 단 한 번의 실패도 용납하지 않는다. 아무것도 하지 않는 사람은 실패할 일이 없으니 비난받을 일도 없다. 그게 바로 조직이다.

"그래도 아직 좌천은 안 당했잖아요? 도호 씨 따라가려면 한참 남은 거죠. 하하하."

모도 지구의 귤밭

이 이야기들은 모두 차 안에서 들었다. 후쿠다 씨는 지역과 도호 마사노리에 대해 진심을 담아 이야기하며 미나마타와 쓰나기의 눈부신 풍경을 내게 보여 주었다. 잠시 이야기에 빠져 놓칠 법도 한데 가이드 역할에도 충실했다.

"이게 미나마타 강입니다. 이 강은 원류부터 하구까지 모든 구간이 미나마타시 안에 있어요. 그런 강은 전국적으로 드물다고 합니다."

"저쪽은, 지금은 공원이지만 예전에는 갯벌이었습니다. 칫소 공장에서 흘러나와 해저에 쌓인 수은을 파내 갯벌을 메웠고 나중에 이렇게 공원으로 만들었어요."

어쩌면 그냥 지나쳤을 수도 있을 풍경에 후쿠다 씨의 적확한 해설이 파고들었다.

산 중턱 데코폰 농장을 둘러보고 내려올 때에는 무척 조마조마했다. 산길이 좁아 차를 돌릴 수가 없자 후진으로 산 밑까지 내려왔기 때문이다. 태연하게 하던 이야기를 계속하며 후진하던 그를 보고 육상 선수의 운동신경이란 이런 건가 싶어 새삼 감탄했다.

산을 내려와 조금 더 달리자 눈앞에 푸른 바다가 펼쳐졌다. 조용한 포구에 고깃배 몇 척이 정박해 있다.

"여기가 제가 나고 자란 동네입니다."

후쿠다 씨는 어부의 아들이었다. 할아버지도, 아버지도, 큰아버지도 야쓰시로해에서 뱅어잡이를 했다.

“그런 집이었으니, 제가 갑자기 농업에 열변을 토하는 사람이 되니까 부모님은 좀 걱정하셨던 모양이에요. ‘재는 어부의 아들인데 왜 저러냐? 이상한 종교 같은 데 빠진 건 아니겠지?’ 하셨나 봐요. 하하.”

바다 위에 떠 있는 조각구름을 눈으로 좇으며 조심스레 물었다.

“쓰나기의 어부들은, 미나마타병에 혹시…….”

“보셔서 아시겠지만, 쓰나기는 대부분이 바다에 잇닿은 어촌입니다. 그러니 인구 대비 환자 비율이 미나마타보다 높았죠. 그래도 쓰나기에는 칫소 관련 노동자가 거의 없던 터라 미나마타처럼 마을이 분열되지는 않았어요. 그건 정말 다행이었죠. 하지만 환자는 많았습니다.”

“그렇군요.”

친척이나 친구 중에 그 병에 걸린 사람이 있었는지 재차 물을 수는 없었다. 있는 게 당연했기 때문이다. 후쿠다 씨가 지역을 위해 분투하는 배경에는 자신과 연관된 이야기도 분명 있을 터였다.

“우리 아버지하고 큰아버지는 미나마타병이 공식 확인되기 훨씬 전부터 미나마타만에서 조업을 하지 않으셨다고 해요. 본능적으로 위험하다는 생각이 드셨다더군요.”

미나마타병이 세상에 알려지자 모든 어부가 일자리를 잃었다. 중학교를 졸업한 뒤, 어부로만 살아온 후쿠다 씨의 아버지도 조업을 중단할 수밖에 없었다. 다시 출항하기까지는 30년 가까이 걸렸다. 한 사람의 인생에서 30년은 너무 길다.

"미나마타병에 휘둘린 인생이었으니까요. 그래도 우리 아버지는 한 대 맞으면 더 불타오르는 양반이라, 시코쿠까지 가서 진주 양식을 배워서는 진주 사업을 시작했어요. 물고기 양식부터 유통까지 혼자서 해내는 시스템을 만들기도 하고, 도미 치어를 들여와 키우는 업체를 세우기도 하고, 이런저런 것들을 하며 동업자들과 기운 넘치게 살아오셨어요. 지금은 다시 어부 일을 하시고요."

"그렇군요. 기존의 틀에 갇히지 않고 새로운 프로젝트를 손에 잡히는 것으로 만들어 가는 능력. 후쿠다 씨의 그런 힘, 일하는 능력은 아버지께 물려받은 거군요."

그는 "아이고, 아닙니다. 아버지가 대단하신 거죠."라며 쑥스럽게 웃었다.

차는 미나마타시를 훑으며 남쪽으로 달린다. 언덕이 많은 지형이라 마을의 모든 집들에 찬란한 햇살이 쏟아진다. 밝고 눈부신 풍경이다. 조수석에 앉아 행복하게 바라보는데 그가 입을 연다.

"여기부터가 모도 지구입니다."

"아, 여기가……!"

모도 지구. 미나마타병을 다룬 책에는 반드시 그 지명이 나온다. 피해가 가장 컸던 지역 중 하나이기 때문이다. 이 아담한 언덕 마을에서 위중중 환자와 사망자가 수없이 속출했다. 쥐 때문에 대부분의 집에서 고양이를 길렀는데, 그 병으로 지역의 고양이가 전멸했다. 국가에서 공식 인정받은 환자 수만 200명이 넘었다. 그런 모도 지구가 이렇게나 밝고 아름다운 곳이었다니…….

언덕 꼭대기에 오르니 귤밭이 펼쳐졌다. 미나마타병으로 가족을 잃었고, 본인도 그 병으로 생을 마감한 스기모토 에이코 씨의 귤밭이라 했다. 생전에 그는 이렇게 말했다.

"생존을 위해서라도, 농약은 절대 쓸 수가 없었습니다. 내 몸이 수은에 망가졌기 때문에…… 독의 무서움, 약의 무서움을 내 몸이 알고 있기에, 그게 제일 두렵습니다. 단순히 팔기 위한 귤이 아니라 먹을 수 있는 귤이어야 합니다."

에이코 씨의 유지를 받들어, 현재 이 귤밭을 꾸려 가는 사람은 '탱자'라는 생산자 연합의 오사와 모토오 씨다. 1970년대, 미나마타병 환자를 돕기 위해 고향인 교토를 떠나 모도 지구로 들어온 부부가 있었다. 오사와 다다오 씨와 아내 쓰타 씨. 부부는 미나마타병 환자들을 도와 모도 지구에서 귤을 기르고 판매하는 시스템을 구축했다. 그 둘 사이에 태어난 아들이 오사와 모토오 씨다. 그리고 우리의 도호 마사노리가 그 밭의 영농 지도를 맡고 있다. '탱자'와 도호 마사노리를 이어 준 이는 예상대로 후쿠이 씨다.

"미나마타병을 겪었고, 그래서 더 안전한 농업을 지향했다는 의미에서, 스기모토 에이코 씨는 상징적인 존재입니다. 그런 연고가 있는 밭을 도호 씨가 맡아 준다면 저로서는 너무 기쁜 일이니까요."

언덕길을 천천히 달리며, 도호 마사노리에게 밭을 소개하던 날을 떠올렸다.

"일부러 시치미를 뚝 떼고 말했습니다. 유기 재배로 귤을 키우는 밭이 있는데 영농 지도를 맡아 줄 수 있겠냐고만 했어요. '미나마타병', '스기모토 에이코'라는 단어는 전혀 꺼내지 않았죠. 그런 선입견 없이 하던 대로 해 주셨으면 했거든요."

나중에 도호 마사노리도 귤밭의 유래를 알게 되었다. "후쿠다 씨, 다 알면서 일부러 모른 척했지?"라며 서글서글 웃었다. 그리고 한마디 덧붙였다.

"정말 최고로 의미 있는 일이지. 그러니 다음부터는 걱정 말고 미리 말해 줘도 돼."

도호 마사노리는 만나야 할 운명으로 미나마타·아시키타·쓰나기와 만났다. 그 여정에 이르기까지는 후쿠다 다이사쿠라는 강력한 '키맨'이 존재했다. 인생 도처, 우리를 거기로 데려가는 '키맨'이 있다.

늦은 오후, 바람이 잦아든 미나마타만이 하얗게 빛나고 있었다.

　도호 마사노리를 만나고, 그런대로 금방 책 기획이 결정됐고, 본격적인 취재가 시작되었다. 이듬해에는 책이 나올 예정이었다. 하지만 내 '꾸물꾸물 병'이 도져 반 년, 1년, 2년…… 책 출간은 계속 늦어졌다.

　아마 그 당시, 도호 마사노리와 주변 사람들은 이 획기적인 농법의 '교과서 같은 책'을 기대했을지 모르겠다. 하지만 농사 경험도 없고, 과학 저널리스트도 아닌 내가 체계가 잡힌 전문서를 쓸 수는 없었다. 그저 도호 마사노리의, 그 어디에도 없는 체험담을 들었고, 그걸 집에 모셔 와 활자로 정리하면서, 같이 웃고 분개하며 원고의 씨앗을 키워 나갔다.

　취재를 거듭하는 동안 도호 마사노리의 일대기라는 묘목은 조금씩 자라 나갔다. 하지만 그는 지금까지도 진화하고 있다. 거침없이 행동하고, 두려움 없이 새로운 이론과 방식을 추가해 나간다. 나는 이 책을 어떻게 착지시켜야 좋을지 몰랐고, 제자리걸음과 낮잠으로 세월은 흘러갔다.

　그러다 문득, 도호 방식을 실천하는 이들에게도 이야기를 들어보자 싶었다. 그리고 그게 너무 재밌어서 풍덩 빠져 버렸다. 누구에게든 자신만의 이야기가 있고, 그것을 긁어모으는 일이 내가 제일 좋아하는 일이다. 게다가 상대는 농사판의 괴짜들이 아닌가. 처음에는 한두 명쯤 만나 볼 생각이었으나 그게 셋이 되고 다섯이 되더니 결국 일곱이 됐다. 덕분에 도호 마사노리라는 몸통에 각자 다른 맛과 깊이를 지닌 가지와 잎사귀, 꽃과 열매가 돋아, 뭔가 괜찮은 나무 한 그루로 완성되지 않았나 자화자찬해 본다.

　결과적으로 이 책은 도호 마사노리와, 그와 이어진 사람들의 인생 일화를 모아 엮은 책으로 완성되었다. (농업 교과서다운 면은 제로에 가깝다.) 그래서 일본어 책 제목을《농사짓는 사람農のひと》으로 할 생각이었으나 '농사짓는 사람'이라는 말이 지닌 평온함과 고요함, 소박함, 사색적인 분위기가 아무래도 책과는 어울리지 않았다. 그도 그럴게, 도호 마사노리는 물론이거니와 다들 하나같이 독특하고 별스럽고 보통내기가 아니니 말이다. 그래서 '농사農'라는 글자를 원에 집어넣어《まる農のひと 농사짓는 사람》이라는 수상한 제목이 등장하게 됐다.*

---

* 원을 일본어로는 마루라고 읽는다. 완전하다는 뜻을 나타내거나, 속된 표현으로 돈을 뜻하기도 한다.

농사의 깊이, 식물이 지닌 대단한 힘에 대해서는 본문 가득 담았으니 여기서는 도호 마사노리와 그 실천자들의 이야기에서 받은 감회에 대해 써 두고 싶다. 한마디로 말해 '인생의 시나리오란 어찌 이리 절묘한가.'이다.

도호 마사노리는 농업의 상식을 깨부수는 혁명가가 되었다. 그렇지만 만약 그가 농협에 들어가 영농 지도원이 되지 않았다면, 귤 농가에 수난의 시대가 없었다면, 좌천당하지 않았다면, 혁명은 일어나지 않았을지도 모른다. 벌어진 일들을 더듬다 보니 드라마의 복선이 여기저기 깔려 있었다. 뭐냐, 도대체 이 인생의 시나리오는. 절묘해도 너무 절묘한 것 아닌가!

야노 교수의 건강이 나빠지지 않았다면, 마쓰무라 씨가 소의 죽음을 경험하지 않았다면, 미나마타병이, 후쿠시마의 핵발전소 사고가, 단바에 집중호우가 없었더라면, 그 뒷이야기들은 어떻게 되었을까. 물론 각각의 불행은 아무리 애를 써도 긍정적으로 보기는 어렵다. 하지만 세계에 끝이 오지 않는 이상 이야기는 이어진다. 어떠한 불합리에도, 찢어지는 슬픔에도, 반드시 다음이라는 전개가 있다.

물론 괴로운 사건만이 인생의 복선은 아니다. 누구와 언제 만나는지, 무엇에 흥미를 가지는지, 무엇이 그 순간 머릿속에서 번득였는지, 어떤 권유를 받게 되는지, 이 모든 것이 드라마의 복선이 된다. 그 당시는 '어쩌다 보니'였을지 몰라도 나중에 큰 의미가 되는 것이 인생에는 너무 많다. 그러니 인생은 얼마나 재밌는가.

그래서 이쯤에서 사적인 이야기를 불쑥 해 보려 한다. 지금으로부터 24년 전 초봄, 나는 헝가리의 부다페스트 거리를 어슬렁대고 있었다. 거기서 다베짱이라는 친구를 만났다. 간사이 쪽 대학 4학년생이고 졸업 여행 중이라 했다. 지금보다 젊은 인구가 많고 엔화가 강세였던 1990년대 중반에는 세계 어디를 가든 여행 중인 일본인을 볼 수 있었다. 잠시 말을 나누다가 함께 관광을 하거나 싸구려 식당에서 시간을 보내는 경우도 많았다.

"자, 일본에 가면 연락할게." 이런 말을 하며 헤어지지만 여행지에서의 인연은 99퍼센트가 그걸로 끝이다. 하지만 다베짱하고는 귀국한 뒤에도 몇 년에 한 번씩, 도쿄나 교토나 오사카에서 밥을 먹는 사이가 됐다. 둘 다 여러 번 직업을 바꾼 터라 "만날 때마다 일이 바뀌네." 하며 같이 웃었다. 눈 깜짝할 사이 20년이 지났고, 어느 날 오랜만에 그에게서 연락이 왔다.

"어젯밤에 재밌는 친구랑 한잔하는데, 히로시마에서 농사짓는 엄청난 아저씨가 있는데 누가 책 좀 써 주면 좋겠다고 그러는 거야. 지금 너, 책 쓰는 일 하는 거 맞잖아?"

다베짱의 그 재밌는 친구라는 사람이 나카지마 씨이고, 나카지마 씨가 신세를 지고 있는 사람이 마쓰다 씨이고, 마쓰다 씨와 함께 일하는 사람이 도호 마사노리의 둘째 딸 요시코 씨였다. 어찌 된 영문인지 모르겠으나, 거미줄같이 가느다란 인연을 타고 나는 도호 마사노리라는 사람에게 닿았다. 하지만 출발 지점만은 확실했다. 24년 전의 부다페스트. 거기에서 다베짱과 내가 스친 덕분에 이 책이 나올 수 있었다. 이런 시나리오, 도대체 누가 쓴 거냐고 진심으로 물어보고 싶다.

이렇듯, 다양한 사람들이 절묘한 때에 교차해 준 덕에 이 책이 만들어질 수 있었다. 느려 터진 나를 참을성 있게 기다려 준 도호 마사노리와 가족들, 관계자 여러분들, 그리고 편집실의 모든 분들에게 사과와 감사의 말씀을 올린다.

이 책의 원고를 최종 수정하던 2020년 봄은, 세계가 코로나 바

이러스에 이리저리 휘둘리던 봄이었다. 도호 마사노리와도 전화로만 의견을 주고받았다. "강습이고 연구회고, 전부 중지됐어. 일이 줄어 힘들어."라며 웃었지만 말은 그렇게 해도 동요하는 기색은 전혀 없어 보였다.

"이제부터는 자기 손으로 자기 먹을 걸 키우는 사람이 늘어날 거야.", "농사일만큼 마음을 달래 주는 일도 없을걸?" 그런 말을 듣고 있는데, 맥주 캔 따는 경쾌한 소리가 전화기 너머로 들린다. 하하하. 역시나 그는 태연자약하다. 자연과 마주해 온 연륜만큼 내공 자체가 다른 거다. 이야기를 나누다 보면 나까지 편안한 기분이 되고는 했다.

이 책을 읽은 독자의 마음도 편안해지길. 도호 마사노리의 농법이 한 명이라도 더 많은 사람에게 닿아, 농업의 미래를 밝게 비춰 주길 기원한다.

2020년, 바람이 잦아든 날

가나이 마키

농업
고수

돈도 되고 환경도 살리는
새로운 농법 수직 재배

가나이 마키 글
도호 마사노리 **취재 도움**
정영희 **옮김**

초판 1쇄 펴냄 2026년 4월 13일

편집 서혜영, 전광진
인쇄 제책 상지사 P&B
도서 주문·영업 대행 책의 미래   전화 02-332-0815 | 팩스 02-6003-1958

펴낸 곳 상추쌈 출판사 | **펴낸이** 전광진
출판 등록 2009년 10월 8일 제 544-2009-2호
주소 경남 하동군 악양면 부계1길 8 우편 번호 52305
전화 055-882-2008 | **전자 우편** ssam@ssambook.net
누리집 ssambook.net